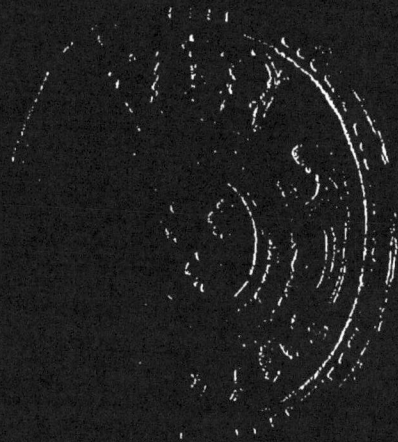

LA
PLURALITÉ
DES
MONDES.

Par feu Mr HUGHENS, *cy-devant*
de l'Academie Royale des Sciences.

Traduit du Latin en François

Par M. Du***

A PARIS.

Chez JEAN MOREAU, ruë Saint
Jacques, vis-à-vis S. Yves, à la
Toison d'or.

_____

M. DCC II.
Avec Approbation & Privilege du Roy.

PREFACE.

ON a déja vû un Ouvra-
ge fur la Pluralité des
Mondes ; l'Auteur en eft con- ^{Mr de} ^{Fontenelle.}
nu par la fubtilité de fon ftile, ^{le.}
& par l'érudition qu'il fait pa-
roître dans tout ce qu'il écrit.
Le tour aifé , les expreffions
vives , la pureté de notre Lan-
gue , qui accompagnent toutes fes œuvres , ont fait lire
avec plaifir ce Syftême nouveau. On l'a trouvé d'un tres-
bon goût, & tout le monde a
rendu juftice au merite de l'Auteur , & à fa maniere de trai-

a ij

PREFACE.

ter toutes choses avec une extrême delicateſſe.

L'applaudiſſement general qu'a reçu ce premier Syſtême, a donné lieu de croire, que celui de Monſieur Hughens feroit également approuvé, & que le public recevroit avec joïe la Traduction d'un Ouvrage, où cet illuſtre Mathematicien fait paroître que rien ne lui étoit inconnu.

En effet, Monſieur Hughens a renfermé dans ſon Livre de la Pluralité des Mondes, tout ce qu'il y a de plus curieux dans toutes les Sciences. L'Anatomie, l'Optique, la Geographie, la Muſique, l'Aſtrologie, les Arts Libe-

PREFACE.

faux, & tous les autres Secrets de la nature y sont expliquez avec tant de subtilité, que l'on pourroit dire que ce grand Homme n'a voulu parler de la Pluralité des Mondes, que pour avoir lieu de traiter de toutes choses.

Le Systême de son Livre est fondé sur un principe incontestable. La Terre, nous dit-il, n'est pas plus considerable que les autres Planetes; il se trouve sur la Terre des animaux, des arbres, des rivieres, des mers, &c. Donc dans les autres Planetes il s'en doit trouver également. Il est vrai que ce grand Homme ne prétend pas donner ce

principe comme une demon-
ſtration Mathematique; mais
les conjectures qu'il en tire,
ſont ſi évidentes , qu'il eſt
preſque impoſſible d'en douter. Comme il s'étoit perſua-
dé , que la nouveauté de ce
Syſtême ſeroit d'abord com-
battu , il prévient par des ré-
ponſes ſolides toutes les objections que l'on peut faire ; &
entre inſenſiblement dans ſon
ſujet , conduiſant pas à pas le
Lecteur , qu'il perſuade &
qu'il réjoüit en même tems.

Ce Livre qui n'a paru qu'a-
prés ſa mort , & que l'on peut
regarder comme un abregé de
la ſcience de Monſieur Hughens , eſt diviſé en deux par-

PREFACE.

cies. Il traite dans la premiere des Mondes en general, & dans la seconde il explique l'Astronomie des Habitans de chaque Planete. Mais avant que d'entrer en matiere, il explique d'abord & prouve solidement le Système de Copernic sur le mouvement des Cieux, que tous les habiles Astronomes soutiennent présentement. En effet, il n'en est point de plus juste, & de plus proportionné à toutes les experiences de Physique & de Mathematique. Supposer que la Terre est fixe, & donner un mouvement regulier à toutes les Planetes, autour de la Terre, c'est supposer un mou-

PREFACE.

vement impossible, par la vitesse prodigieuse avec laquelle
il se devroit faire.

Les sçavans Mathemati-
ciens de l'Antiquité en avoient
prévû les difficultez insur-
montables. Toute l'école de
Pytagore, au sentiment même d'Aristote, soutenoit que
Lib. 2. de Cælo. cap. 13. la Terre avoit son mouvement autour du Soleil, &
que cet Astre étoit fixement
arrêté dans le milieu du monde. Archimede donne le même sentiment à Aristarque ;
& quoique plusieurs Philosophes aïent soutenu le mouvement du Soleil, il s'en est
toujours trouvé, qui exami-
nant les choses de plus prés,

PREFACE.

se sont eux - mêmes convaincus par des experiences tres-fortes, que la Terre devoit tourner plûtôt que le Soleil. Ainsi l'ont crû Philosaus, Heraclides, Nicetas, Leucippe, Platon sur la fin de sa vie, & Numa - Pompilius, qui fit élever le Temple de Vesta en forme de Rotonde, afin, dit Plutarque, que le feu divin fût conservé dans le milieu de ce Temple, de la même maniere que le Soleil est dans le centre du monde.

Dans le seiziéme siecle, où l'on peut dire, que les Mathematiques s'étoient extremement perfectionnées, Nicolas Copernic Chanoine de Polo-

PREFACE.

gne, paſſa trente années à établir ce Syſtême , & à examiner toutes les démonſtrations qui le rendoient indubitable. Tous les nouveaux Aſtronomes ont ſuivi ſon ſentiment , & Monſieur des Cartes , qui paſſera toujours dans la poſterité pour un des plus habiles Mathematiciens, l'a tellement établi & mis dans ſon jour, qu'il ne reſte plus de lieu de douter de la verité de ce Syſtême.

Monſieur Hughens étoit trop éclairé pour s'éloigner de cette verité ; non ſeulement il la ſuit, mais il la prouve encore , & la prouve tres-ſolidement. Ce Syſtême ſuppoſé , il donne le moïen de connoître

PREFACE.

la grandeur de chaque Planete, & par des experiences d'Anatomie il fait voir que si l'on doit conclure de la disposition interieure de tous les animaux, par l'ouverture d'un seul, on peut conjecturer de même, que si sur la Terre qui est une Planete, on trouve des mers, des arbres & des animaux; il s'en doit trouver de la même maniere dans les autres Planetes.

Tout sert à ce grand Homme, pour établir son sentiment; l'excellence des choses animées au dessus des pierres, des montagnes & des rochers, lui donnent lieu de conjecturer, que notre Terre, qui n'est

PRÉFACE.

pas plus confiderable que les autres Planetes, n'eft pas la feule qui les poffede. Il fait voir que l'eau eft le principe de toutes chofes, & principalement du mouvement des corps, & que dans les Planetes il doit y en avoir, quoique differentes de l'eau que nous avons ici-bas, & qu'elle eft neceffaire pour conferver les herbes & les arbres, pour donner à la Terre une heureufe fecondité, & pour entretenir tout ce qui peut contribuer à la vie des animaux, qui font dans les Planetes.

Des chofes inanimées, il paffe à celles qui font doüées d'un principe de vie; on voit

PREFACE.

leur generation, leur multi-
plication, semblable à celle
qui se fait sur la Terre ; leur
mouvement est égal au nôtre,
& si nous voïons parmi nous
des animaux de tant de sortes
differentes, on peut conjecturer que l'Auteur de la Nature
a observé la même varieté dans
les Planetes. Mais si dans les
Astres il n'y avoit point de
creatures raisonnables ; à quoi
serviroient tant de choses differentes ? Monsieur Hughens
ne fait point difficulté de croire, qu'il y a des hommes semblables à nous, & de-là il prend
occasion d'expliquer l'homme, sa raison, l'usage qu'il en
doit faire, ses passions, & toutes

PREFACE.

les differentes saillies de cœur
& d'esprit auquel il est sujet.
Il n'est rien de plus juste, que
ce qu'il dit de l'uniformité de
la raison des habitans des Planetes & des habitans de la Terre. En effet, ce qui est juste
parmi nous, le doit être parmi
eux ; & il est impossible que la
verité ne soit pas verité en tous
lieux, comme le mensonge est
mensonge en tous lieux. L'Auteur de la nature ne peut ni
tromper, ni être trompé, la verité éternelle est la regle de
toute verité, & toutes les Creatures doivent se conduire par
les mêmes principes, qui sont
aussi invariables qu'ils sont infaillibles.

PREFACE.

De la difpofition de l'efprit, Monfieur Hughens paffe à la difpofition du corps; il fait voir que les habit ans des Planetes doivent avoir un corps comme nous. Il en explique l'ufage, l'excellence, & la neceffité, la ftructure des mains pour agir, & pour faire les inftrumens qui font propres à acquerir les Sciences & les Arts Liberaux, la difpofition des pieds pour le mouvement neceffaire à l'homme, la beauté de l'œil, & fa compofition merveilleufe; les veines & les arteres pour la circulation du fang, & l'entretien de la vie; en un mot, l'admirable proportion de toutes les parties de

PREFACE.

l'homme , tout est expliqué
d'une maniere si claire & si
naturelle , que le Lecteur est
non seulement instruit de ce
qu'il est lui-même, mais encore que les habitans des Plane-
netes sont semblables à lui.

En supposant que dans les
Planetes on cultive les sciences , il donne adroitement l'art
de les cultiver parmi nous. On
apprend en lisant cet Ouvrage, comment les hommes se
sont perfectionnez dans la recherche des sciences, ce qui a
donné lieu à plusieurs découvertes. L'art d'écrire & de se
communiquer les pensées par
l'écriture, y est rapporté, comme la chose la plus utile que

l'homme

PREFACE.

l'homme ait inventée; les mefures & les poids, les vêtemens
& les habits, le commerce &
la focieté, les converfations
familieres, qui fe trouvent
parmi nous, & qui fervent à
nous perfectionner les uns les
autres, y font expofées d'une
maniere fi folide, qu'on ne
peut lire tout ce que Monfieur
Hughens en dit, fans être per-
fuadé, que l'Auteur de la Nature n'auroit pas voulu priver
les habitans des Planetes de
tous ces avantages fi neceffaires à l'homme, & fi utiles à fa
perfection.

Des fciences generales &
communes à tous les hom-
mes, il prend occafion de par-

é

PREFACE.

ler des ſciences particulieres.
Il commence par l'Architecture, pour élever des édifices qui
ſervent non ſeulement à ga-
rantir des pluïes & des ri-
gueurs des ſaiſons, mais encore à embellir les Villes, & à
rendre immortelle la memoi-
re des Grands Hommes. Il
donne aux habitans des Planetes le ſoin d'immortaliſer
leurs Heros par des Arcs de
Triomphe qu'ils élevent à leur
gloire. Il explique les regles
ſures & invariables de la Geometrie, ſa neceſſité & ſon uſage; & le beſoin que les habitans des Planetes ont de la cultiver. Il veut auſſi qu'ils aïent
le plaiſir de chanter, & ſur

PREFACE.

cette conjecture, il s'étend sur
les agrémens de la Musique,
il parle des accords, des con-
sonances, des intervalles, des
tons, de la variation de la voix,
& de tous les instrumens differens qui peuvent former un
Concert harmonieux, capable
de procurer un plaisir aussi in-
nocent qu'agreable à l'homme
qui a sçû l'inventer.

Enfin il finit son premier
Livre en rappellant en peu de
mots tout ce qui se trouve sur
la terre, & poursuivant toujours son principe, il fait voir
que les sciences & les arts, les
richesses & les animaux, se
doivent trouver dans les autres Planetes, qui sans contre-

PREFACE.

dit font auffi confiderables
que la Terre , & même plus,
fi la grandeur & la beauté des
Planetes , eft comparée avec
celles de la Terre que nous
habitons.

Le fecond Livre explique
la maniere dont les habitans
des Planetes regardent les habitans de la Terre. Il femble
que Monfieur Hughens ait
voulu fe fervir de ce Syftême
nouveau pour expliquer adroitement toutes les differentes
conjonctions des Aftres ; &
fans nous donner des regles à
l'exemple des autres Aftronomes, pour connoître le mouvement des Planetes , il nous
le fait comprendre en décri-

PREFACE.

vant la situation ordinaire où se trouvent les Planetes dans les temps differens de l'année.

On voit donc dans cet Ouvrage & les Eclipses sur chaque Planete, & les Satellites ou les Lunes qui les accompagnent. On voit leur mouvement regulier autour du Soleil, les Epicicles necessaires pour la circulation des Satellites. Et comme rien n'échape à ce grand Homme, il décrit les degrez de chaleur de chaque Planete, par rapport à l'éloignement ou à la proximité du Soleil; la vivacité ou la lenteur d'esprit de ceux qui les habitent: & aprés avoir conjecturé dans les Planetes ce qui se

PREFACE.

paſſe parmi nous, il conjecture encore la même choſe pour
les Etoiles fixes, où il établit
des habitans & toutes les choſes neceſſaires à la vie. Tel eſt
l'Ouvrage que l'on donne au
Public : le ſeul nom de l'Auteur le doit rendre conſiderable. Mais la varieté de tant de
choſes qu'il a ſçû traiter avec
tant de ſubtilité, le fera mieux
connoiſtre que tout ce qu'on
pourroit dire icy à la loüan-
ge d'un homme qui s'eſt acquis l'eſtime du plus grand
Roy du monde, & la reputa-
tion de Mathematicien tres-
habile parmi ceux qui poſſedent les Sciences, & qui les
cultivent avec ſuccez.

APPROBATION.

J'AY lû par ordre de Monseigneur le Chancelier, le présent Manuscrit, & j'ai crû que le public ne pouvoit manquer de recevoir avec plaisir & avec utilité, la Traduction du dernier Ouvrage d'un aussi grand homme que feu *Monsieur Hughens.* Fait à Paris ce 7. Juin 1701. FONTENELLE.

EXTRAIT DU PRIVILEGE
du Roy.

PAr Privilege du Roy, donné à Ver-
sailles le 18. Decembre 1701. signé
LE COMTE : Il est permis au Sieur
D. *** de faire imprimer, vendre &
debiter, par tel Imprimeur ou Libraire
qu'il lui plaira, un Livre intitulé :
*Cosmotheros, ou nouveau Traité de la
Pluralité des Mondes, qu'il a traduit du
latin du Sieur Hughens*, &c. pendant
six années, à compter du jour de la datte
des presentes ; avec défenses à toutes personnes d'en vendre de contrefaits, à peine de quinze cens livres d'amende, &
de confiscation des Exemplaires contrefaits, ainsi qu'il est plus au long porté
par lesdites Lettres de Privilege.

*Registré sur le Livre de la Communau-
té des Libraires & Imprimeurs de Paris,*
Signé PIERRE TRABOÜILLET, *Syndic.*

Achevé d'imprimer pour la premiere
fois le 15. Janvier 1701.

NOUVEAU

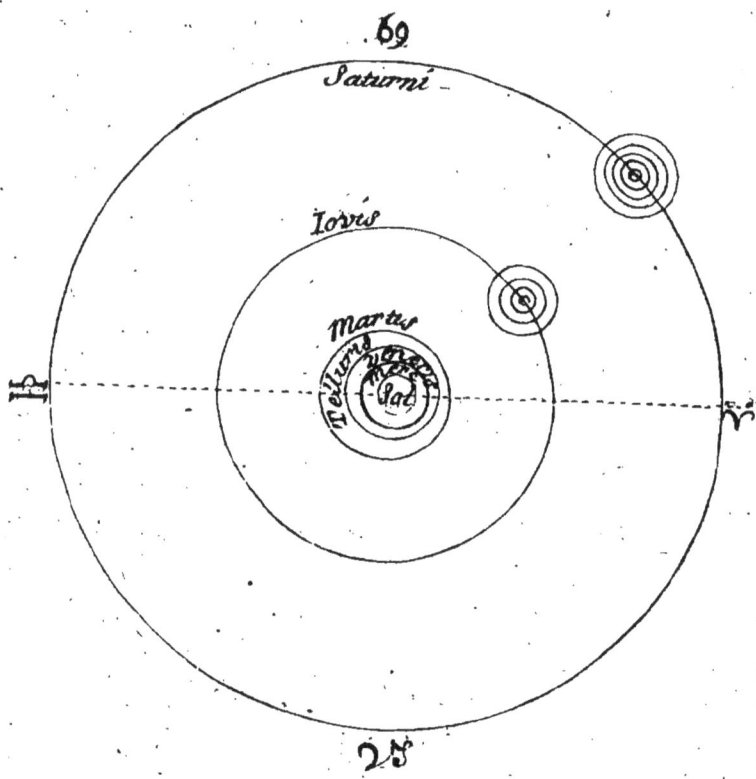

Fig. 1.

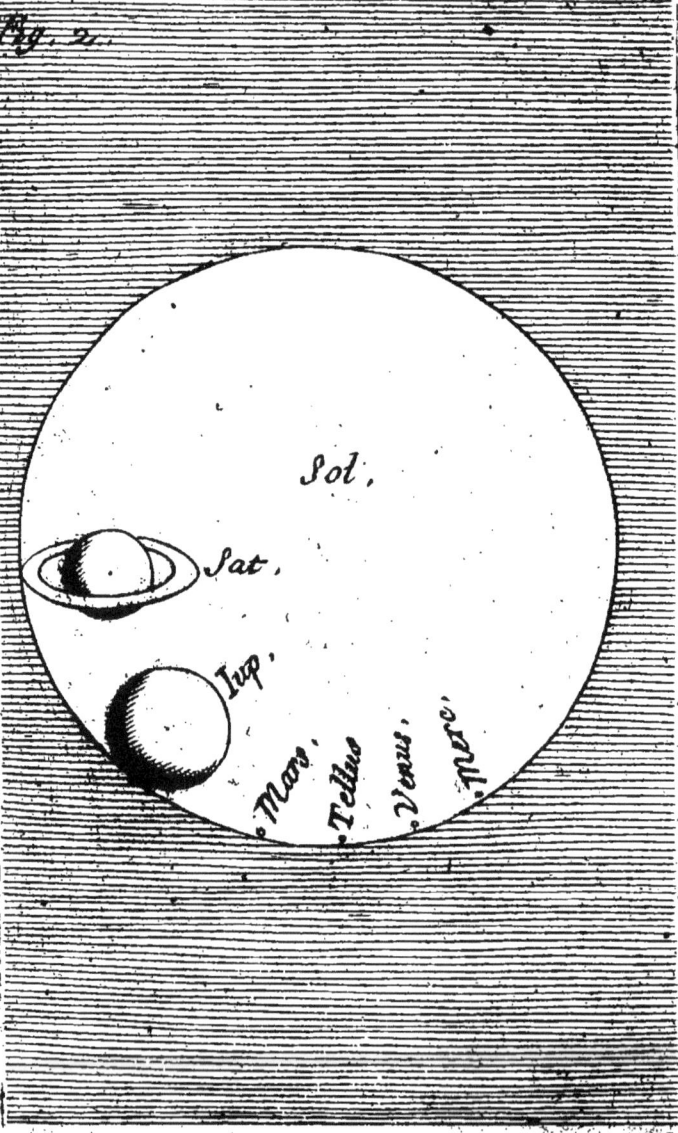

Fig. 2.

Sol.

Sat.

Iup.

Mars. Tellus. Venus. Merc.

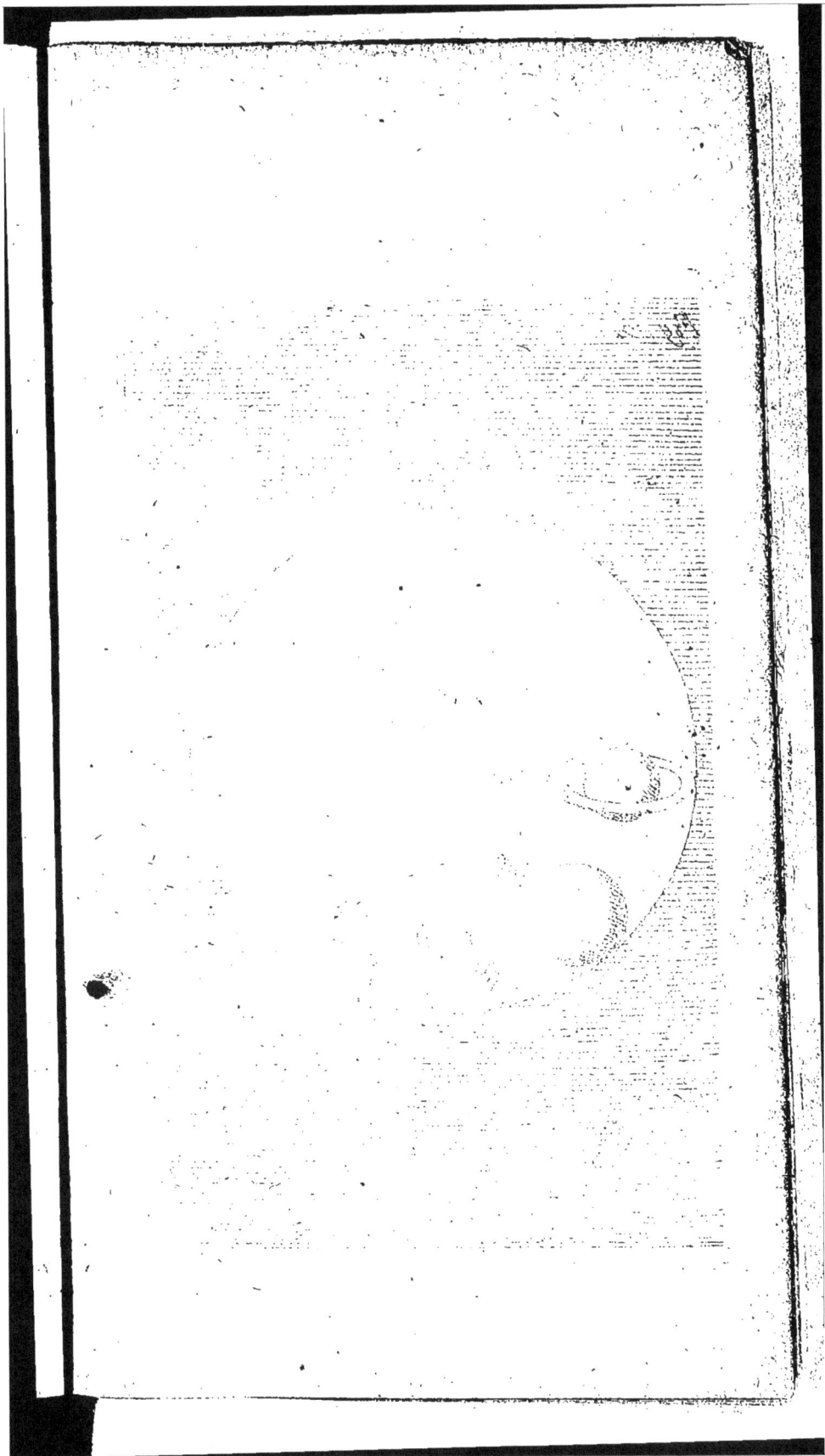

Fig. 3.

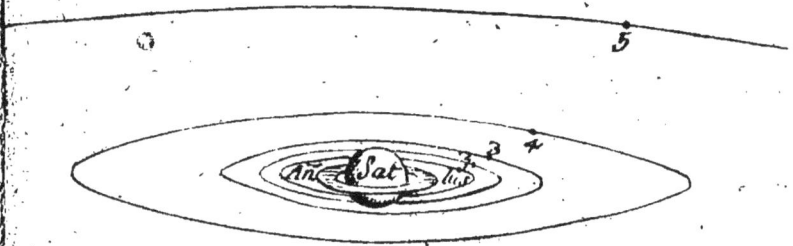

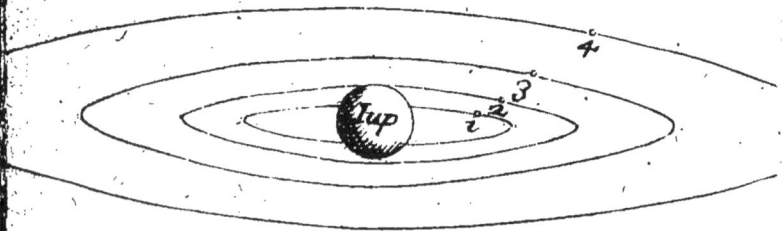

Luna.
Tellus.

Fig. 4.

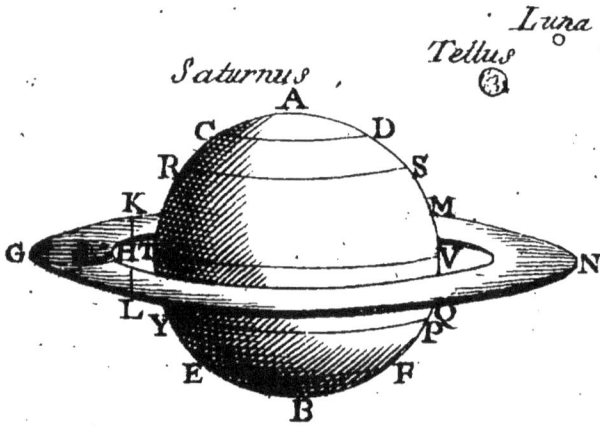

Luna

Tellus

Saturnus

A
C   D
R   S
K   M
G   H   V   N
L Y   O
          P
E   F
B

Fig. 5.

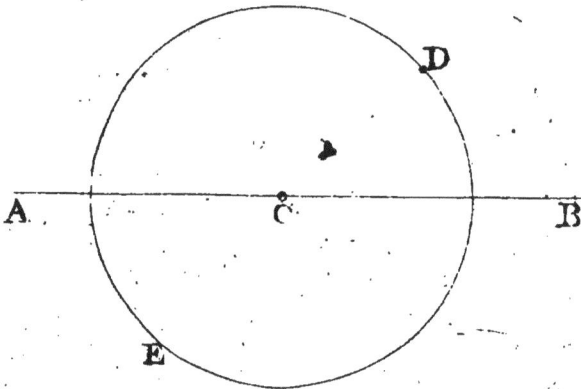

NOUVEAU TRAITÉ

DE LA PLURALITÉ

DES MONDES.
PREMIERE PARTIE.

LETTRE DE Mr HUGHENS

A SON FRERE.

Où il explique le Systême de ce
Traité.

IL n'est pas possible, mon
tres-cher Frere, que ceux
qui sont du sentiment de
Copernic, & qui croyent
veritablement que la Terre que nous
habitons est au nombre des Planetes
qui tournent autour du Soleil, & qui
reçoivent de luy toute leur lumiere)
ne croyent aussi que ces Globes sont

A

habitez, cultivez, & ornez comme
le nôtre : ils se rendront aisément à
nos conjectures, en faisant attention
sur les nouvelles découvertes, qui se
font faites dans le Ciel depuis le
temps de Copernic, sur les Etoiles
qui accompagnent Jupiter & Saturne, sur les Monts & les Campagnes
qu'on a découvert dans la Lune ; &
sur beaucoup d'autres choses par lesquelles on a eû nonseulement de nouvelles preuves tres-convaincantes de
la verité du Systeme que ce grand-
homme a inventé ; mais encore par
la ressemblance & liaison qu'il y a
entre la Terre & les Corps des autres Planetes. Cela me fait ressouvenir des entretiens que nous avons
eûs vous & moy sur ce sujet, lorsque
nous considerions ensemble la situation, & les mouvemens des Astres,
avec de grandes Lunettes, ce que
nous n'avons pû faire depuis plusieurs années, à cause de vos occupations, & de vos absences. Dans ce

temps-là nous croyïons fermement ne
devoir pas esperer d'acquerir jamais
aucune connoissance des Ouvrages de
la Nature dans ces Contrées celestes,
& que par consequent il estoit inutile
d'en faire la recherche ; & pour dire
le vray, de tout ce qu'il y a de Philosophes Anciens & Modernes, je
n'en ay trouvé aucun qui ait essayé
de faire une découverte de cette Nature. Car dés la naissance, pour ainsi
dire, de l'Astronomie, lorsqu'on s'ap-
perçeut pour la premiere fois que la
Terre estoit ronde, & qu'elle estoit
de tous côtez environnée de l'air, il
y en eut qui oserent assurer, qu'il y
avoit d'autres Mondes que le nôtre
dans les Astres, & même qu'il y en
avoit tant qu'on ne les pouvoit compter. Ceux qui sont venus aprés, comme le Cardinal de Cusan, Brunus,
& Kepler, qui a écrit que Ticho-
brahé estoit du même sentiment, ont
pretendu que les Planetes estoient
habitées ; & quoyque Cusan & Bru-

nus en ayent auſſi attribué au Soleil, & aux Etoilles errantes, il ne paroît pas cependant que les uns ny les autres ayent rien recherché au delà, ny qu'ils ayent pouſſé plus-loin leurs découvertes, non plus que le nouvel Auteur François du Dialogue de la pluralité des Mondes. Quelques-uns ſe ſont contentez de debiter certaines fables touchant les peuples de la Lune pour ſe divertir, dans leſquelles il n'y a guere plus de vray-ſemblance que dans celles de Lucien, qui ne vous ſont pas inconnuës : je mets encore au nombre de celles-cy les Fables de Kepler, qui a voulu délaſſer ſon eſprit en nous les debitant dans ſon Songe Aſtronomique. Quant à moy, qui ne me crois pas plus éclairé que ces grands-Hommes, mais ſeulement plus heureux, pour eſtre venu aprés eux, m'étant appliqué depuis quelque temps à mediter ſur cette matiere avec plus de ſoin que je n'avois encore fait, il

m'a semblé que la Providence ne nous
avoit pas bouché toutes les avenuës
qui peuvent conduire à la recherche
de ce qui se passe dans des lieux si
éloignez de celuy-cy ; au contraire que
cette Providence nous presentoit une
ample matiere d'exercer nos conjectures d'une maniere vray-semblable.
Voicy ce que j'ay mis par ordre pour
vous l'offrir, où j'ay ajoûté quelque
chose sur le Soleil, sur les Etoilles errantes, & sur la grandeur de l'Univers, dont tout ce que renferme nôtre
Systeme, n'est qu'une tres-petite partie. Je crois que vous lirez volontiers
cet Ouvrage, ayant autant d'ardeur
que vous en avez pour l'Astronomie.
Je vous avouë que j'ay pris beaucoup de plaisir à l'écrire, & j'éprouve
aujourd'huy, (ce que j'ay fait deja
autrefois,) la verité de ce que dit
Architas : Si quelqu'un estoit monté
au Ciel, & qu'il eût consideré attentivement l'économie de l'Univers,
& la beauté des Astres, l'admira-

tion qu'il auroit pour tant de merveilles (qui sans cela auroit esté pour
luy pleine de charmes) luy deviendroit desagréable, s'il ne trouvoit
personne à qui les raconter. Mais
plût à Dieu que je pusse ne pas raconter à tout le monde ces productions
d'esprit, & qu'à la reserve de vous,
il me fût permis de choisir des Le-
cteurs à ma fantaisie qui ne fussent
pas tout-à-fait ignorans dans l'Astronomie, & dans la bonne Philoso-
phie, & ausquels j'eusse assez de
confiance pour croire qu'ils donne-
roient aisément leur approbation à
ces essais, & qu'un tel Ouvrage n'eût
pas besoin de protection pour en faire
excuser la nouveauté. Mais comme
je prévois que ces essais tomberont entre les mains même des plus ignorans,
& qu'ils subiront peut-estre la criti-
que la plus severe, je crois qu'il est
bon dés à present de réfuter les objections des uns & des autres.

CHAPITRE I.

Réponse à quelques objections qu'on peut faire contre ce Systeme.

IL y en aura fans doute, qui n'ayant jamais eû aucune tein-ture de la Geometrie, ny des Ma-thematiques, croiront qu'il n'y a rien de que vain & de ridicule dans le deffein que nous nous fommes propofé ; il leur femblera que c'eft une chofe incroyable, que nous puiffions mefurer l'éloignement des Aftres, & quelle eft leur gran-deur. Et pour ce qui regarde le mouvement de cette Terre que nous habitons, ils croiront de deux chofes l'une, ou que c'eft à faux qu'on luy attribuë ce mouvement, & qu'on ne l'a encore prouvé en aucune maniere ; c'eft pourquoy il ne faut pas s'étonner, fi ce qui

1. Ob-jection.

A iiij

est fondé sur de tels principes paſſe dans leur eſprit pour réveries &
bagatelles.

Réponse Mais que leur répondre, ſi ce
n'eſt qu'ils ſeroient d'un autre
ſentiment s'ils s'étoient appliquez
à ces ſciences, & à contempler
l'arrangement des Ouvrages qui
ſont dans la Nature? Nous ſçavons
qu'un nombre infini de gens n'ont
pû s'y appliquer, ſoit par leur peu
de diſpoſition, ſoit parce qu'ils
n'ont pas eû occaſion de le faire,
ſoit enfin qu'ils en ayent eſté dé-
tournez étant obligez de vacquer
à leurs propres affaires, ou à celles de l'Etat : c'eſt pourquoy nous
ne les blâmons en rien. Mais auſſi
s'ils s'imaginent qu'on doit condamner le ſoin que nous appor-
tons à ces nouvelles recherches,
nous en appellons à des Juges
mieux inſtruits.

2. Ob-
jection. D'autres publieront que les choſes dont nous tâchons de montrer

la vray-semblance, sont contraires
auxsaintes Lettres : sur-tout lorsque nous parlons des Terres, des
Animaux, & des Creatures raisonnables, de l'origine desquels il
n'est pas dit un mot dans l'Ecritu-
re Sainte ; au contraire qu'il n'y
est parlé que de choses dont on
peut tirer des consequences toutes
opposées à nostre Systeme ; a-
joûtant qu'il y est seulement fait
mention de la Terre que nous habitons, avec ses differentes especes
d'Animaux, ses Plantes, & l'Homme que Dieu a rendu le maistre
de toutes ces choses.

Je leur répons ce que d'autres *Réponse*
leur ont répondu avant moy ; qu'il
paroît assez que Dieu n'a pas voulu que nous fussions informez en
détail de tous les ouvrages qu'il a
créez ; c'est pourquoy le premier
des Livres sacrez, qui est la Gene-
se, comprenant, soit sous le nom
des Astres ou sous celuy de la Ter-

re, encore les Planetes qui exis-
tent entre le Soleil & la Lune, les
Satellites de Jupiter, & de Saturne ; il se peut faire que sous ces
noms generiques de la Terre, ou
des Astres Dieu ait renfermé nonseulement plusieurs autres Globes de ces deux especes, mais aussi
une infinité de choses, dont il aura plû à ce souverain Createur de
couvrir & d'embellir la superficie de tous ces differents Globes.
Je leur répons encore, qu'ils sçavent bien eux-mêmes de quelle
manière il faut expliquer cét endroit, où il est dit, que toutes ces
choses ont esté faites pour l'amour
des hommes ; que cela ne veut
pas dire, comme quantité de gens
l'ont déja remarqué, que tant d'E-
toiles d'une si énorme grandeur,
dont les unes sont à la portée de
nôtre veuë, & d'autres, qui sans
le secours des grandes Lunettes
nous seroient invisibles, ayent esté

faites pour notre utilité particuliere, ou pour servir de matiere à
nos speculations, parce qu'on le
diroit mal à propos ; c'est pourquoy la pluspart des ouvrages de
Dieu estant placez hors de la veuë
des hommes, & selon toutes les
appparences, ne les touchant en
rien : ce n'est pas s'écarter de la
raison, que de croire, qu'il se trouve des personnes qui les regardent
de plus prés, & les ont en admiration.

Mais peut-estre qu'ils diront 3. Ob-
jection.
que le souverain Createur ne
nous ayant rien appris, ou revelé
de plus par luy-même sur cette
matiere, l'on doit croire qu'il s'en
est reservé à luy seul la connoissance, & par consequent c'est
estre temeraire, & pousser trop
loin la curiosité, que d'en vouloir
faire la recherche.

Mais moy je leur répondray Réponse
qu'ils s'en font trop acroire eux-

mêmes, s'ils veulent donner des bornes que les hommes ne puissent passer dans leurs recherches, & s'ils prétendent regler la maniere dont il faut apporter ses soins dans une matiere de cette consequence, comme s'ils avoient une connoissance certaine des bornes que Dieu nous a marquées, ou s'il dépendoit des hommes de passer au delà. Certainement si ceux qui ont vêcu avant nous, se fussent arrétez à de tels scrupules, peut-estre qu'on auroit ignoré jusqu'à present quelle estoit la figure de la Terre, & de quelle grandeur elle estoit, & s'il y a quelque contrée qui s'appelle l'Amerique, comme aussi si la Lune estoit éclairée du Soleil, ou bien quelles sont les causes qui font éclipser l'un ou l'autre de ces deux Astres, & tant d'autres choses dont nous sommes redevables aux travaux & aux découvertes des Astronomes. Car y

avoit-t-il quelque chose de si caché
& d'où l'on se pût si peu approcher en apparence, que celles
qu'on a mises au jour si clairement touchant la nature des
Corps celestes, & qui, pour ainsi
dire, sont maintenant connuës de
tout le monde ? C'est ce qui fait
connoître que l'adresse & le bel
esprit ont été donnez aux hommes
pour acquerir peu à peu la connoissance de tout ce qui concerne
la Nature, & qu'il n'y a pas lieu
de cesser de faire nos efforts pour
pousser plus loin nos recherches.
Cependant nous sçavons bien que
les matieres qui font le principal
sujet de cet Ouvrage, & qui contiennent ce qu'il y a de plus caché
dans la Nature, ne sont pas d'un
caractere à pouvoir estre découvertes à fond, à force de les chercher. C'est pourquoy nous n'as-
surons rien comme certain, (car
comment le pourrions-nous ?) &

nous n'agissons que par conjectures, surla vray-semblance desquelles nous n'ôtons àpersonne laliber-
té d'en juger comme il luy plaira.

4. Ob-
jection. Que si quelqu'un dit, que
nous prenons donc une peine inutile, & que notre travail ne sert
de rien, en mettant des conjectures au jour sur des choses si élevées, & dont nous confessons
nous-mêmes ne pouvoir jamais
rien concevoir d'assuré.

Réponse Je répondray, qu'on devroit par
la même raison rejetter toute l'é-
tude de la Phisique, en ce qu'elle
consiste à découvrir les causes de
tout ce qui se passe dans la Nature, dans laquelle science c'est se
faire beaucoup estimer, que d'a-
voir découvert des choses vray-
semblables ; & la seule recherche des plus considerables ou des
plus abstraites donne du plaisir.
Mais pour exercer ses conjectures
avec art, il faut observer qu'il y a

plufieurs degrez de vray-femblance, & de probabilité, dont les
uns approchent plus de la verité
que les autres. C'eſt à en faire un
juſte difcernement que confiſte le
principal uſage du jugement & de
la raiſon.

Il me femble que nous ne re-
cherchons pas feulement icy comme à la piſte, & avec bien du foin,
des chofes tres-confiderables par
la connoiſſance qu'elles donnent
des fecrets de la Nature ; mais
encore des chofes dont la fpeculation fert beaucoup aux exercices
de la fageſſe & de la vertu, & à
nous les faire aimer. Sans doute il
nous eſt avantageux, qu'étant placez, pour ainſi dire, hors des confins de notre Terre, nous la re-
gardions de loin, & que nous
cherchions à connoître ſi elle eſt
la feule fur qui la Nature a répan-
du tous fes ornemens & toutes
fes beautez : c'eſt le meilleur

moyen de nous faire comprendre,
ce que c'eſt que la Terre, & le peu
d'eſtime que nous en devons faire,
de même que ceux qui font des
voyages de long cours dans les
pays les plus éloignez, ont coûtume de juger plus ſainement des
qualitez de leur pays naturel, que
ceux qui n'ont jamais ſorti de
leur foyer. En effet celuy qui goû-
tant un peu nos raiſons penſera
en luy-même à la pluralité des
Terres ſemblables à la noſtre, &
peuplées de même, celuy, dis-je,
qui en aura fait le ſujet de ſes réflexions, ne regardera pas comme
de grandes merveilles ce qui ſe
paſſe icy dans l'eſprit du commun
des hommes, ny pour choſes con-
ſiderables; comment ſe pourra-t-
il faire, que ce même homme
voyant que Dieu a fait de ſi grands
Ouvrages, ne le regarde avec
admiration, & n'ait de la venera-
tion & du reſpect pour luy, quand

il reconnoîtra de tous côtez dans
ce Traité, qu'on y a rapporté des
preuves convaincantes de la divine Providence, & de cette admirable Sageſſe, contre les fauſſes opinions de ceux qui ont avancé que la Terre ne tiroit ſon origine que du concours des Atômes
qui ſe ſont accumulez par hazard.
Mais paſſons au ſujet que nous
nous ſommes propoſé.

CHAPITRE II.

Le Syſteme de Copernic prouvé, &
le temps des Periodes de chaque
Planete, dans le ſentiment de cét
Auteur.

LA diſpoſition que Copernic
attribuë aux Planetes (entre
leſquelles nous devons ſans difficulté compter la Terre) autour
du Soleil, étant un des plus forts

argumens sur lequel nous établis-
sons noftre Syfteme ; je commence par donner deux figures, dont
l'une marque les Cercles dans lefquels les Planetes font leurs revolutions, l'autre nous montre la proportion qu'il y a dans les grandeurs differentes des corps des
Planetes, foit en les comparant
les unes aux autres, ou par rapport à la grandeur du Soleil. Dans
la premiere le point du milieu
marque le Soleil, commençant
par ce point l'on voit fucceffive-
ment les uns après les autres dans
un arrangement connu de tout le
monde, les Globes de Mercure,
de Venus & de la Terre avec la
route que tient la Lune; enfuite
Mars Jupiter, & Saturne, & autour de ces deux les petits Cercles de leurs Satellites, quatre pour
le premier, & cinq pour l'autre.
Il eft cependant neceffaire de
fçavoir, que l'on a dépeint ces pe-

tits Cercles avec celuy de notre Lune, beaucoup plus grands qu'il ne convient aux Globes des principales Planetes, de crainteque pour leur petiteſſe ils n'échapaſ-ſent à la veuë. Mais on peut juger de la grandeur prodigieuſe de ces Cercles, en conſiderant que la diſtance du Soleil à la Terre eſt de dix ou douze mille diametres.

Elles ſont preſque toutes dans un même plan : en ſorte qu'elles ne s'éloignent pas beaucoup de celuy ſur lequel la Terre fait ſon tour, que l'on appelle l'Ecliptique; mais celuy-cy eſt coupé oblique-ment par l'eſſieu ſur lequel la Ter-re roule & fait ſon tour en 24. heu-res, à l'égard du Soleil, & cét Axe demeure toûjours paralelle à luy-même, pendant qu'elle eſt por-tée elle-même autour du Soleil, ſi ce n'eſt qu'il ſouffre un chan-gement tres-lent que les Aſtrono-mes connoiſſent ; d'où naiſſent

les retours succeſſifs des jours &
des nuits, & les changemens qui
arrivent dans les quatre saisons
de l'année, comme on l'apprend
de tous les côtez dans leurs Livres ; ce qui me donne occaſion
de tranſcrire icy quels ſont les
temps des Periodes dans leſquels
chaque Planete acheve tous ſes
tours. C'eſt-à-dire, que Saturne
fait le ſien en vingt-neuf ans 174.
jours & cinq heures, Jupiter dans
onze années 317. jours & 15. heures, Mars le plus proche de nous
en 687. jours ; notre Terre en 365.
jours 6. heures 4. minuttes; Venus
en 224. jours & 18. heures, & la
Planete de Mercure en 88. jours.

Voilà l'ordre & l'arrangement
des Corps Celeſtes, ou proprे-
ment le Syſteme de Copernic à
preſent receu de tous les Philoſophes, & qui convient le plus à
la ſimplicité de la Nature. Si
quelqu'un s'efforce de le détruire,

& d'en affoiblir la preuve , qu'il
apprenne premierement , que fui-
vant les demonftrations des Aftronomes dans la defcription que
nous venons de faire de l'ordre
des Planetes , qu'il eft plus jufte
& plus facile de donner la preuve des obfervations qu'on a faites
fur le mouvement des Aftres , que
dans le Syfteme de Ptolomée ou
de Tichobrahé ; qu'il fache encore par la remarque qu'en a faite
Kepler , que les diftances des Planetes , & de la Terre au Soleil,
font entr'elles dans un certain
rapport du temps de leurs Periodes , comme je l'expliqueray dans
la fuite.

L'on a auffi obfervé depuis, que
les temps que les Satellites de Jupiter & de Saturne employent à
faire leurs revolutions, répondent
dans le même rapport à leur diftance de ces Planetes. Qu'on faffe
attention combien il faut fuppo-

ser une chose contraire à la Nature du mouvement, pour rendre raison pourquoy l'Etoile Polaire, qui est à l'extremité de la queuë de la petite Ourse, qui estoit éloignée du pole de 12. d. 24. m. il y a 1820. ans, c'est-à-dire du temps d'Yparque, n'en est aujourd'huy éloignée que de 2. d. 20. m. Pourquoy dans quelques siecles, elle en sera éloignée de 45. degrez, & pourquoy enfin dans 25000. ans elle reviendra à la même distance qu'elle est à present.

De sorte qu'il est necessaire, que tout le Ciel, si l'on dit qu'il roule autour de la Terre, fasse ce tour sur plus d'un Axe, ce qui est fort ridicule, au lieu que dans l'hypothese de Copernic il n'est rien de plus aisé à expliquer; qu'on examine enfin tout ce qu'ont repondu Galilée, Gassendi, Kepler, & beaucoup d'autres, aux argumens

que l'on a coûtume d'objecter à
Copernic. Les raisons qu'ils ont
employées dans leurs réponses, ont
tellement effacé tous les scrupules
qui restoient, qu'à présent tous
les Astronomes, à moins qu'il n'y
en ait qui ayent l'esprit plus pe-
sant que les autres, ou qui sou-
mettant leur raison, & leur cre-
dulité à l'autorité des hommes,
demeurent d'accord sans aucune
difficulté que la Terre a son mouvement, & qu'elle tient son rang
parmi les Planetes.

CHAPITRE III.

La grandeur des Planetes , leurs Diametres , & le moyen de les connoître. L'uniformité qui doit se trouver entre la Terre & les autres Planetes , prouvée par les experiences d'Anatomie.

DAns cette autre figure de Mathematique dont j'ay parlé, l'on represente les Globes des Planetes, & celuy du Soleil, & l'on rend la chose visible & sensible, de même que s'ils estoient placez les uns auprés des autres, & j'ay suivy icy la même proportion qu'il y a de leurs diametres à celuy du Globe du Soleil, que celle que j'ay donnée dans mon Livre des Phœnomenes de Saturne : c'est-à-dire, que pour le rapport du diametre du Soleil

au

au diametre de l'Anneau de Saturne de   37. à 11.

A celuy du Globe renfermé dans cét Anneau de   37. à 5.

Au diametre de Jupiter de 11. à 2.

Au diametre de Mars de 166. à 1.

Au diametre de la Terre de 111. à 1.

Au diametre de Venus de 84. à 1.

Au diametre de Mercure 290. à 1.

Selon l'obſervation qu'Hevelius en a faite en 1661. en voyant le corps de cette derniere Planete ſur le diſque du Soleil. Nous concluons neanmoins par le calcul que nous en avons fait, le rapport du diametre du Soleil à celuy de Mercure, & non par celuy de Hevelius.

J'ay montré dans le Livre dont j'ay parlé, comment nous avons découvert les moyens propres à prouver la grandeur des Planetes tant pour la connoiſſance que

C

nous avons acquiſe de la proportion de leurs differents éloignemens du Soleil , que par la meſure des diametres , que nous
avons priſe avec nos grandes Lu-
netes. Et je ne vois pas encore,
que j'aye beaucoup de raiſons de
m'éloigner des regles que je don-
nay pour lors ; quoique je ne
veüille pas m'obſtiner à ſoûtenir
qu'elles ſoient infaillibles. Car à
l'égard de ce que beaucoup de
gens croyent, que pour meſurer
les diametres apparens , l'uſage
des Micrometres , (pour me ſervir de leurs termes , qui ſont des
inſtrumens avec leſquels on tend
des cordes tres - deliées dans un
trou de la groſſeur d'un pois)
ſurpaſſe en bonté nos petites lames , ou feüilles d'argent , ou de
quelque autre metail ; je ne ſçau-
rois encore eſtre de leur ſentiment. Mais je crois que des petites lames , ou bien des petites

verges deliés, que j'avois montré
dans cét endroit, qu'il faloit mettre au devant, y font plus propres. C'eft delà qu'eft venuë peu
de temps aprés cette invention
des Micrometres, commè auffi la
maniere d'adapter le Telefcope
aux inftrumens d'Aftronomie. Ce
n'a pas efté cependant fans gloire
pour ceux qui ont travaillé à perfectionner un Ouvrage dont l'invention eft accompagnée de tant
d'utilité.

Dans cette comparaifon des Planetes, l'on doit remarquer l'énorme grandeur du Soleil comparée
aux quatre Planetes qui font les
plus proches de luy, & comme
celles-cy font même infiniment
plus petites que Saturne, & que
Jupiter ; il faut prendre garde
encore que ce n'eft pas de rang,
ou à mefure que ces Planetes s'é-
loignent du Soleil, que leurs corps
croiffent en grandeur : veu que

le Globe de Venus est beaucoup
plus grand que celuy de Mars.
Sur cette explication de l'un & de
l'autre plan, que nous avons tracé; il n'y a personne qui ne voye
dés à present, comme je crois, que
cette Terre que nous habitons, est
comprise sous une même espece
que les cinq autres Planetes. Car
les cercles, & leurs situations le
témoignent assez.

Il est donc constant d'ailleurs,
que par les observations qu'on en
a faites avec des Telescopes, non
seulement les Corps de toutes les
Planetes sont ronds, de même
que celuy de la Terre, mais encore qu'elles empruntent leur lumiere du Soleil aussi-bien qu'elle,
& qu'enfin elles luy sont en tout
semblables, puisqu'elles roulent
en elles-mêmes autour de leur
propre Axe. Qui est-ce qui en
pourra douter sur le sujet des autres Planetes; puisqu'on l'a dé-

couvert avec certitude dans Jupiter & dans Mars ? Et comme la Terre a pour Satellite la Lune, de même Jupiter & Saturne ont aussi les leurs. Qu'y a-t-il donc de plus probable que ce que nous avançons ?

Puisqu'il se trouve tant de ressemblance en tout, entre la Terre & ses autres Planetes, qui sont les plus considerables, & que les autres Planetes ne sont pas d'un moindre rang, & d'une moindre beauté que la Terre, estant pourvûës comme elle de toutes sortes d'ornemens cultivez, & habitez : que peut-on objecter ou inventer, pour faire voir que cela ne se passe pas de la sorte ?

Certainement, si dans le corps d'un Chien dont on auroit fait la dissection ou l'anatomie, l'on faisoit voir à un homme les entrailles, le cœur, les poulmons,

C iij

l'eftomac & tous les inteftins, les veines, les arteres, les nerfs &c. quoique cet homme n'eût jamais vû le corps d'un Animal qu'on a ouvert, à peine hefiteroit-il de croire, qu'il y eût dans un Bœuf, dans un Pourceau, & dans le ref-te des bêtes quelque ftructure femblable, & mêmès diverfitez de parties; & quand même nous ne connoîtrions pas la nature d'un des Satellites de Jupiter, ou de Saturne ; ne nous imagine-rions-nous pas qu'on trouve auffi dans les autres prefque les mê-mes chofes que dans celuy-cy ? Et de même, fur une Comete, fi l'on pouvoit connoître parfaitement, & clairement ce que c'eft, nous ti-rerions des conféquences de cel-le-là feule, pour établir que tou-tes les autres Cometes font de la même maniere. C'eft pourquoy les conféquences que l'on tiré de la reffemblance des chofes que

l'on voit, à celles des choſes qu'on
ne voit pas , ſont d'une grande
force. Ainſi nous ſuivrons cette
methode, & nous conjecturerons
d'une maniere fort juſte, par une
ſeule Planete, que nous voyons
devant nos yeux, & à découvert,
que les autres ſont de même eſpece.

Nous ſerons donc de ce ſentiment, que les Planetes ſont faites
& compoſées d'un corps ſolide,
de même que la Terre que nous
habitons. Enſuite nous dirons,
qu'il eſt tout-à-fait vray-ſemblable que leurs Globes ſont accompagnez de ce que nous appellons preſentement gravité, à la
quelle on attribuë cette vertu,
que tout ce qu'il y a de Corps qui
ſe tiennent à leur ſurface, la preſ-
ſent & appuyent ſur elle ; ou bien
ſi l'on les en ôte, ils y retombent de
toutes parts, comme y eſtant at-
tirées par une force ſecrete de la

Nature, ce qui eſt aſſez évident
par la figure même du Globe,
cette figure n'étant produite que
par l'effort, & le concours des
Corps, qui font pouſſez d'un mouvement naturel à tendre vers un
même centre.

Nous avons deja même appris à
conclure par un certain raiſonne-
ment indubitable, de combien le
poids & la force de cette gravité
doivent être plus grands ou plus
petits dans Jupiter & dans Saturne, que ſur la Terre, de laquelle
matiere, comme auſſi de l'Auteur
de cette découverte, nous avons
parlé dans une diſſertation que
nous avons faite des cauſes des
Corps graves.

Mais continuons à preſent de
pouſſer nos recherches plusavant,
pour connoître par quels degrez
l'on peut parvenir à la connoiſſance des choſes les plus cachées
touchant l'état & l'ornement de

ces Terres. Faiſons voir combien de vrai-ſemblance il y a, que leur ſurface ſoit couverte de Plantes, & d'Animaux, de même que ſur la Terre que nous habitons.

CHAPITRE IV.

L'excellence des choſes animées au-deſſus des Pierres , des Montagnes , des Rochers , &c. Les Planetes doivent avoir des choſes animées auſſi-bien que la Terre ; & qui ſoient de la même eſpece que celles que nous voyons icy-bas.

JE ne crois pas qu'il y ait perſonne qui nie , que la forme , la vie , & la maniere d'engendrer , & de croître , qui eſt dans les Plantes ou Racines , & dans les Animaux , ne ſoit quelque choſe de plus grand & de plus ſurprenant , que non pas des

Corps qui n'ont point de vie :
quoique ceux-cy soient remarquables par leur grandeur énorme, comme sont les Montagnes,
les Rochers & les Mers. Il paroît aussi, que dans ces deux
genres de Creatures vivantes &
animées, l'on voit tout autrement
& d'une maniere incomparable-
ment plus expressive, l'excellence de la Providence, & de l'Intelligence de Dieu. Car quand
même il y auroit quelque Secta-
teur de Democrite, ou même de
Descartes, qui pût faire profession
d'expliquer si-bien son Systeme,
qu'il rendroit raison de tout ce
que nous voyons sur la Terre, &
de tout ce que nous regardons
dans le Ciel d'une maniere qu'il
n'auroit besoin que des Atômes,
& de leurs concours : cependant
les raisons qu'il auroit tirées du
concours des Atomes luy deviendroient inutiles en ce qui touche

les Plantes & les Animaux, & il
n'en apporteroit aucune, qui eût
de la vray-semblance pour expliquer leurs principes de generation & d'accroissement : puisque l'on voit d'une maniere trop
manifeste, qu'il n'auroit jamais
esté possible, qu'aucune des choses
de cette nature eût esté produite
par le mouvement incertain &
fortuit des Corpuscules ; elles
dans qui l'on connoît, que tout
ce qui les compose, est fort convenable, & se rapporte justement à
une certaine fin. Cette verité paroîtra claire si on l'examine avec la
derniere prudence, & dans la connoissance la plus exacte des loix
de la Nature, & des regles même de Geometrie, comme l'on
verra dans la suite de ce Traité,
pour ne rien dire à present de ces
merveilles qui se passent dans la
generation des Corps. Que si l'on
ne trouve donc rien dans les Pla-

netes , que de vaſtes ſolitudes ,
que des Corps inanimez , languiſ-
ſans & incapables d'agir , & s'il
ne s'y trouve point de ces choſes
dans leſquelles éclate d'une maniere fort claire & certaine la
ſageſſe du ſouverain Créateur du
Ciel & de la Terre , aſſurément
ceux qui ſeront de ce ſentiment,
donneront de grands avantages
pour le rang & pour la beauté,
à notre Terre ; ce qui repugne à
la raiſon, comme je l'ay déja dit.

Nous ne croirons donc point ,
que les choſes ſoient de la ſorte, &
nous penſerons au contraire , qu'il
y a dans les Planetes des Corps qui
ont du mouvement , qui ſe tranſ-
portent d'un lieu dans un autre ,
qui ne ſont en rien inferieurs à
ceux qui ſont ſur la Terre ; en un
mot, qu'il y a des Animaux, qu'il y
a des Plantes , qui ſervent à la
nourriture de ceux qui les habitent , & que ces Plantes croiſſent

sur la superficie de la Terre, puisqu'elles ont besoin d'être exposées aux rayons du Soleil pour
en estre fomentées, afin que les
sucs puissent couler dans les
tuyaux, qui servent à leur nourriture & à leurs accroissements,
les Planetes étant exposées aux
rayons du Soleil aussi-bien que la
Terre.

Quelqu'un dira peut-être, que
nous allons en cecy plus vîte qu'il
ne faut. Car quand même l'on
ne nieroit pas, qu'il ne se trouvât
sur la surface des Planetes de
certaines choses qui y croissent,
& y reçoivent du mouvement &
de l'action, & que ces choses ne
meritent pas moins d'avoir Dieu
pour Auteur de leur être, que
celles qui sont icy-bas; l'on pourroit cependant soûtenir, qu'il se
peut faire que ces Corps qui couvrent la surface des Planetes,
sont d'une nature toute diffe-

rente; en forte qu'ils n'ayent rien
de femblable à ceux que nous
voyons icy , ny pour la matiere
dont ils font compofez , ny pour
leur façon de croître , ny pour
leur forme exterieure , ou interieure , & qu'enfin ils foient tels,
que l'efprit de l'homme ne fçauroit s'imaginer rien de femblable,
ny qui luy en puiffe donner une
jufte idée. Il eft bon de faire voir,
que ce que nous avons avancé eft
vray-femblable , & qu'il n'y a pas
une fi grande difference que l'on
s'imagine , de ces Corps aux nôtres.

Il y a une chofe, qui favorife
l'opinion de ceux qui croyent,
que tout eft dans ces lieux-là
d'une autre maniere qu'icy : c'eft
qu'il femble que la Nature fe
plaife le plus fouvent , & dans
beaucoup de chofes, à bigarrer fes
ouvrages, & à les diverfifier ; &
qu'en cela la puiffance de l'Au-

teur s'y manifeste davantage.
Mais ils doivent faire réflexion ,
qu'il n'est pas en la puissance des
hommes, de marquer précisement
jusqu'où va cette diversité , &
cette disproportion ; & qu'il ne
s'ensuit pas, que quoyqu'il se puisse faire que cette difference soit
infinie , pour ainsi dire , & que les
Corps qui couvrent la surface des
Planetes , soient absolument hors
de la portée de notre esprit , &
de notre intelligence , ce soit
pourtant une necessité qu'effecti-
vement ils soient tels. Car quand
même Dieu auroit fait dans les
autres Planetes toutes les choses
qui y sont semblables à celles qui
sont parmy nous , ceux qui les
regardent, s'il est vray qu'il y ait
des gens pour le faire, n'en auroient pas moins d'admiration
pour elles , que si elles étoient
beaucoup differentes ; ces gens-là
ne pouvant connoître en aucune

maniere ce que l'on a fait dans les
autres. Dieu auroit pû dans les Terres de l'Amerique, & dans d'autres
contrées fort éloignées , avoir
créé de certaines eſpeces vivantes tout-à-fait differentes de celles qui ſont icy, & cependant il
ne l'a pas fait. Il eſt bien vray ,
qu'il a voulu qu'il y eût quelque
difference de forme & de figure , en quoy nos Animaux & nos
Plantes ne s'accordaſſent pas avec
celles de déla les Mers ; mais il
n'a pas laiſſé de faire que les unes
& les autres n'euſſent de la con-
formité en beaucoup de choſes,
ſoit dans ces formes & figures,
ſoit dans leurs manieres de croître & d'engendrer ; puiſque dans
ces pays-là les Animaux y ont
des pieds, des aîles , un cœur,
des poulmons, des inteſtins, des
matrices, &c. Quoique le Createur du Monde, dont l'adreſſe n'a
point

point de bornes, eût pû auſſi, s'il eût voulu, diſpoſer d'une maniere tout-à-fait differente, toutes les parties dans l'un & l'autre genre des Animaux, ſoit de ceux de ces contrées éloignées, ou de ceux de ce pays. Il eſt donc vray de dire, que l'Auteur de la Nature n'a pas mis dans les Creatures toute la diverſité qu'il auroit pû y mettre, s'il eût voulu. Et par conſequent il ne faut pas tant s'arréter, ny deferer à cet argument que l'on tire du deſir ardent de la Nature, pour faire de nouveaux Ouvrages, que nous nous imaginions qu'il y ait une difference toute entiere entre ſes beautez des autres Planetes, & celles de la Terre que nous habitons. Il eſt au contraire tres-naturel de penſer, que la plus grande difference qui ſe trouve parmi les choſes qui s'engendrent ſur la ſurface de ces Globes, &

D

celles qui font parmi nous, eſt
uniquement cauſée par le plus
ou le moins d'éloignement qu'elles ont du Soleil, ſource de chaleur & de vie, quoy qu'il faille
que cet éloignement du Soleil
cauſe plus de diverſité dans leur
matière, que dans leur forme.

CHAPITRE V.

L'Eau eſt le principe de tout ce
qui s'engendre ſur la Terre ; Il
y a des Eaux dans les autres
Planetes, leurs differences avec
celles de la Terre, leurs uſages
pour la production des choſes ani-
mées.

POur ce qui regarde la matiere dont ſont faites les Plantes & les Animaux, qui embel-
liſſent & qui habitent les Planetes, quoique nous ne puiſſions

pas deviner par nos penetrations
quelle eſt cette matiere, l'on ne
peut pas cependant preſque douter que toutes les Plantes & les
Animaux ne doivent leur accroiſ-
ſement & leur nourriture, comme tout ce qui eſt parmi nous, à
l'Element humide. Car preſque
tous les Philoſophes ſont de ce
ſentiment, que rien ne peut être
produit autrement; & entre ceux
du premier rang, il y en a eû qui
diſoient, que l'Eau renfermoit en
ſoy le principe de toutes choſes,
ce qui eſt bien veritable, puiſque
tout ce qui eſt ſec & aride, eſt
ſans mouvement. Il eſt donc certain, que ſans le mouvement les
Corps ne ſçauroient prendre de
nourriture, & il eſt à remarquer,
que les plus petites parties des
Corps liquides non ſeulement
ſont agitées d'un mouvement perpetuel; mais encore ſe mêlent
aiſément par tout, & entrent in-

fenfiblement dans tous les autres Corps, ce qui les rend propres à ajoûter à tout ce qui croît, beaucoup de particules de differentes natures, qu'elles charient & entraînent avec elles. C'est ainfi que nous voyons dans les endroits où l'Eau aborde, même où elle fe gliffe, pour ainfi dire, que non feulement les herbes y croiffent, & deviennent feüilles ou fruits ; mais aufli que les Pierres fe forment dans le fable. Il paroît affez que les Metaux, les Criftaux & les Pierreries tirent de là leur origine, quoique l'on s'en aperçoive plus fenfiblement dans les Pierreries, à caufe qu'elles font tres-long-temps à croître, & parce que fouvent l'on ne les trouve pas dans les lieux, & dans les concavitez où elles font nées, en ayant efté écartées par de vieux éboulemens & tremblemens de Terre, comme il y a beaucoup d'apparence. Mais l'on a affez de conjectures accompagnées de vrai-femblance tirées des obfervations des Telefcopes, pour croire que l'élement de l'Eau fe trouve dans les Planetes ; puifqu'il paroît dans Jupiter de certaines traînées , & des efpaces moins éclairez , & plus tenebreux que le refte du difque. Ces efpaces tenebreux ne confervant pas toûjours leur même figure, (ce qui eft particulier aux nuées, hors les macules ou taches que l'on voit jointes & attachées immuablement à fon Globe) demeurent fouvent long-temps cachés , parce qu'ils font couverts de ces nuées , & ne paroiffent que lorfque ces nuées font entierement diffipées. L'on a fouvent remarqué qu'il s'éleve quelquefois des nuages dans le milieu du difque de Jupiter , qu'il y paroît des tâches fort petites, plus

lumineufes que le refte de fon
Corps fpherique , & qu'elles n'y
reftent pas long-temps , lefquelles Monfieur de Caffini conjectu-
roit provenir des Neiges, qui couvrent les fommets des Montagnes.
Il me femble , qu'il eft probable
& vrai-femblable , que ces petites
taches font les parties les plus
blanches de la Terre couverte
des Neiges qui font tombées deffus , & qui quelquefois en font
exemptes.

Il paroît auffi dans Mars des
differences de lumiere & d'om-
brage , par le moyen defquels l'on
a découvert & fupputé que fon
mouvement circulaire autour du
Soleil fe parachevoit en vingt-
quatre heures. Cependant l'on n'a
pas encore remarqué les Nuages,
à caufe qu'on le voit beaucoup
plus petit que Jupiter, lors même
qu'il s'approche le plus de la Terre ; outre que la lumiere de Mars

eſt plus éclatante, que celle des
autres Planetes, la recevant du
Soleil, dont il eſt plus proche ; ce
qui empêche ceux qui le regardent, d'y pouvoir remarquer les
nuages dont nous parlons. La
même lumiere eſt encore d'un
plus grand obſtacle dans Venus.
Ainſi, ſi la Terre & Jupiter ont
des nuages & des eaux, à peine
doit-on douter, qu'il ne s'en trouve de même dans les autres Planetes. Je ne diray pas cependant
que ces Eaux ſoient tout-à-fait
ſemblables à la noſtre, quoique
l'on veüille qu'elles ſoient fluides
pour les uſages auſquels elles ſont
deſtinées, & qu'elles ſoient claires & tranſparentes pour avoir de
la beauté : car ſi les Eaux qui ſont
dans Jupiter & dans Saturne, é-
toient de la même nature que la
noſtre, elles ſeroient bien plû-
toſt gélées à cauſe de leur grand
éloignement du Soleil. Il faut

donc croire que la nature des eaux, qui font dans les Planetes, font proportionnées chacune à la region qu'elles occupent , afin qu'elles ayent plus de peine à fe congeler dans Jupiter & dans Saturne , & que dans Venus & dans Mercure , elles ayent auffi plus de peine par leur proximité du Soleil, à fe réfoudre en vapeurs. Il eft neceffaire dans toutes ces Planetes, que l'humeur que le Soleil attire , fe coagule de nouveau, & qu'elle retombe dans le même endroit d'où elle a efté attirée, pour ne pas laiffer le terrain de la Planete maigre , aride , & par confequent incapable de rien produire : au contraire cette humeur coagulée ne retombera pas fur le fol de fa Planete , qu'elle ne foit condenfée en goute de pluye, ce qui doit arriver comme chez nous , quand une region plus baffe & plus chaude à caufe du

voifinage

voifinage de la Terre, elle eft
montée dans une autre plusfroide.

Il y a donc dans ces Globes des
Campagnes expofées aux rayons
du Soleil, arrofées des pluyes, &
de la rofée, dans lefquels s'il naift
quelque chofe, comme nous avons
dit que cela devoit eftre pour
leurs utilitez, & pour leurs em-
belliffemens, il y a toute apparence que ce fera de la même maniere
qu'elles naiffent fur la Terre; puifqu'il eft tres-difficile que cela foit
autrement, & que fans difficulté
cela ne peut eftre mieux. Ainfi
donc lesPlantes y feront attachées
à la Terre, par des Racines, par le
moyen defquelles elles en tire-
rontl'humeur, qui s'infinuant dans
leurs fibres, fert à leur nourriture; & ces Terres ne me paroî-
tront pas affez ornées, s'il n'y avoit
des Plantes qui s'élevaffent fort
haut, & qui fuffent de vrais Arbres, ou qui leur tinffent lieu de
E

nos arbres , puifque les arbres
font le plus grand ornement , &
le feul , excepté les eaux , que la
Nature puiffe donner aux Terres,
n'y ayant perfonne qui n'avouë
que c'eft une neceffité pour leur
agrément & leur beauté , pour
ne rien dire icy des avantages fi
confiderables qu'on tire des arbres par leur matiere, qu'on em-
ploye à tant d'ufages. Je fuis donc
de ce fentiment , qu'à peine y a-t-
il une autre maniere , dont les
Plantes puiffent fe multiplier ou
perpetuer leurs efpeces , qu'en
produifant des femences , ce
moyen étant prefque le feul, felon
toutes les apparences , & paroiffant fi merveilleux, qu'il n'eft pas
poffible de croire qu'il ait efté inventé pour l'amour de notre feule
Terre. Enfin rien n'empêche que
la Nature n'ait fuivi dans les chofes qui regardent les Planetes les
plus éloignées & les plus proches

de nous , & dans toutes leurs Regions, la même difference entre
elles , & celles de notre Terre,
que celle qu'elle a fuivi pour ce
qui regarde les diverſes contrées
de cette Terre que nous habitons.

CHAPITRE VI.

Les Animaux croiſſent , multi-
plient dans les Planetes de la
même maniere qu'ils croiſſent &
multiplient ſur Terre. La maniere
dont ils ſe meuvent d'une place à
une autre.

IL ne ſe trouve pas non plus
d'autre raiſon dans les Animaux, qui empeche de croire que
la maniere de paître & d'engendrer dans ceux qui habitent les
Planetes,ne ſoit la même que celle des Animaux qui vivent parmi
E ij

nous ; parce qu'affurément tous
les Animaux de cette Terre, foit
qu'ils foient du genre de ceux
qui ont quatre pieds, ou de celuy des Oifeaux, ou des Poiffons,
des Reptiles, & des Infectes mêmes, fuivent la même loy de la
Nature, pufqu'ils vivent ou d'herbes ou de fruits, ou des animaux
qui s'en étoient nourris ; & la generation de tous les animaux
s'accomplit par la conjonction du
mâle & de la femelle, & par la
fecondité des œufs. Pour cela il
eft certain qu'il ne fe peut pas
faire, que ou les herbes ou les
animaux qui y habitent, puiffent
y refter fans multiplier leurs efpeces par la generation ; parce
qu'ils viendroient à fe perdre entierement, & à manquer par de
purs accidens ; les herbes & les
plantes étant faites & compofées
d'une matiere humide, fans quoy
elles deviendroient toutes feches,

les animaux d'un autre côté é-
tant compofez de membres fou-
ples & flexibles , & qui font fi
éloignez de la dureté des cail-
loux pour refifter au temps : fi
dans ceux-cy nous pouvons inventer d'autres moyens de venir au
monde , par exemple , en difant
qu'ils naiffent des arbres, comme
l'on a crû long-temps qu'il y avoit
en Bretagne une certaine efpece
d'arbres d'où naiffoient des Ca-
nards, l'on voit combien cela repugne à la raifon à caufe de l'extrême difference qu'il y a entre
du bois & des chairs ; ou bien fi
nous croyons que les animaux
fortent du limon de la Terre,
comme beaucoup d'Auteurs
nous l'ont appris des Rats qui font
en Egypte. Qui eft donc celuy qui
pour le peu qu'il ait de connoiffance des operations de la Nature, ne voit pas que cela eft oppofé à la raifon ? Ou qui eft-ce qui

ne jugera pas qu'il eſt beaucoup
plus convenable à la grandeur &
à la ſageſſe de Dieu, d'avoir une
fois pour toutes créé des animaux de toutes les eſpeces, & de
les avoir mis deſſus la Terre dans
une certaine meſure, & juſqu'à
une certaine quantité ; que non
pas s'il luy falloit continuellement
s'employer à faire paroître ſur la
Terre de nouveaux ouvrages, pour
la nourriture & l'éducation deſ-
quels les ſoins & l'amour des pe-
res & meres pour leurs enfans ſe
trouveroient tout-à-fait inutiles ;
lequel amour nous ſçavons bien
avoir eſté donné par la Nature à
toutes les eſpeces de nos animaux, & eſtre né avec eux.
Mais quoiqu'il ſe puiſſe faire que
tout ce qui regarde la multipli-
cation de la race des animaux,
par la voye de la generation, ſe
paſſe d'une autre maniere ; l'on a
prouvé ſuffiſamment ce chef par

les raifons alleguées cy-deffus,
qu'il fe trouve & des plantes &
des animaux dans les Terres des
Planetes , afin qu'elles ne foient
pas de moindre valeur , & moins
precieufes que notre Terre. Cela étant ainfi , il faut encore, pour
que toutes ces Terres foient pourvûës comme la nôtre de tout ce
qu'il leur faut,qu'il n'y ait pas une
moindre diverfité en elles pour
ces deux genres, que parmy nous:.
Mais en quoy pourroit confifter
cette difference ? Certainement
quand je fais réflexion fur les manieres dont fe meuvent , & chan-
gent de place toutes les efpeces
d'animaux qui font parmy nous,
je vois qu'ils fe reduifent tous à ce
point , qu'ils marchent ou avec
deux pieds ou avec quatre , les In-
fectesavec fix ou avec cent,ou bien
qu'ils volent dans l'air avec une
force merveilleufe, avec mefure &
juftesse , ou bien que n'ayant point

de pieds ils vont en rampant, ou
que par une flexibilité vehemente
de leur corps , ou même par
un frapement de pied ils se font
un chemin dans l'eau. Excepté
ces differentes manieres de marcher, il n'y a presque pas d'apparence qu'il s'en trouve quelqu'autre, & notre imagination n'en peut
concevoir d'autre. Il s'ensuit donc
de-là, que les animaux, qui sont
sur les Planetes, se servent de
quelqu'une de celles-cy , ou qu'il
y en a qui se trouvent comme parmy nous, des oiseaux amphibies,
qui vont non seulement avec des
pieds, mais aussi nagent dans les
eaux & volent dans l'air ; & les
Crocodilles & les Chevaux ma-
rins, qui sont d'une nature ou
espece mitoyenne entre les animaux terrestres & aquatiques.
Il n'est donc pas possible qu'on
puisse vivre de quelque autre genre de vie different de tous ceux

cy ; ou que pourroit-il y avoir fur
quoy les Animaux fuffent, excepté la Terre ferme, un élement
fluide comme font nos eaux, ou
beaucoup plus fluide comme l'air,
ou des chofes qui leur reffem-
blent ? Il eft vray que l'air pourroit être dans ces lieux-là beaucoup plus épais, & plus pefant
qu'icy, & ainfi plus propre à voler, fans être cependant moins
clair. Il fe pourroit faire auffi, que
plufieurs efpeces de corps fluides
feroient mis les uns fur les autres,
comme fi l'on fuppofoit qu'il y eût
fur la furface de la mer une couche, pour ainfi dire, de quelque
autre matiere, qui fût vingt fois
plus legere que l'eau, deux cents
fois plus pefante que l'air, & qui
à la verité fût bornée par dehors
par fa propre furface : en forte
que les dehors de cette furface
paruffent bornez par la folidité
de la Terre. Mais il n'y a pas de

raison qui nous engage à croire
qu'il se trouve dans les autres
Planetes des choses si differentes
des nostres & quand même cela
seroit, les animaux ne s'y pourroient remuer ny changer de
place par d'autres moyens que les
nostres le font icy. Pour ce qui
regarde leurs differentes figures,
comme nous voyons dans diverses contrées de la Terre une difference si grande, & qu'il se trouve dans l'Amerique des choses que
l'on chercheroit inutilement ailleurs, nous avons grand sujet de
croire, qu'il est impossible, quelque effort que nous fassions sur
nostre imagination, pour nous en
former une idée, de pouvoir deviner aucune de ces figures qui sont
sur les Planetes, encore bien que
si nous nous imaginons toutes ces
manieres de se remuer & changer de places, on ne doit point
estre surpris que les animaux de

ces Planetes different d'avec ceux
de noftre Païs , comme les no-
ftres le font entr'eux, c'eft-à-dire
ceux qui ont le moins de reffemblance.

Chapitre VII.

Les differences des animaux, des ar-
bres & des plantes, qui font dans
les Planetes ; par raport à ceux
qui font fur la Terre.

UN moyen tres-feur de juger
combien de differentes fortes
d'animaux il y a dans les Planetes,
c'eft de faire attention à la difference des figures de ceux qui
font parmi nous. Il eft tres-vray
que ces figures ne fe prefente-
roient pas en moindre nombre
devant un homme qui pourroit
entrer dans le Globe de Jupiter
ou de Venus, pour voir de prés ce

qui s'y paſſe. Mais parcourons les plus grandes differences de nos animaux, ſur tout de celles qui ſont remarquables, ou par la figure, ou par quelque qualité propre & particuliere, comme dans les animaux terreſtres, & dans les aquatiques, & dans les oiſeaux; imaginons-nous quelle difference il y a entre le Cheval, l'Elephant, le Lion, le Cerf, le Chameau, le Pourceau, le Singe, le Porc-épic, la Tortuë, le Cameleon; combien grande elle eſt dans les animaux aquatiques, entre la Baleine, le Veau Marin, la Raye, le Brochet, l'Anguille, la Seche, le Polipe, poiſſon qui a pluſieurs pieds, le Crocodile, le poiſſon volant, la Torpille, poiſſon qui engourdit, le Cancre, eſpece de poiſſon de mer, des Huitres à l'écaille, & un poiſſon à coquille, du ſang duquel les Anciens faiſoient la couleur de

pourpre : Dans le genre des Oifeaux, combien grande eft la difference de l'Aigle, de l'Autruche,
du Paon, du Cigne, du Hibou,
de la Chauve-fouris. Les reptiles,
ne les comptons que pour une
efpece. Mais dans les Infectes, regardons les Fourmis, les Araignées, les Mouches & les Papil-
lons, & le naturel furprenant de
cette forte d'infectes, qui de vers
deviennent volatiles, & après
tous ceux-cy le nombre prodigieux d'animaux que nous connoiffons diffemblables.

Cependant quelque grande
que puiffe eftre cette difference,
l'on doit s'imaginer qu'elle eft de
même dans chacune des Planetes ; & quoyque l'on cherche
comme inutilement à découvrir
par des conjectures, quelle eft la figure des animaux qui y habitent,
il me femble d'avoir déja découvert quelque chofe fur leur vie

en general. Pour les sens, j'en trai-
teray amplement dans la suite de
cet ouvrage.

Comme nous avons examiné
les principales differences de nos
animaux , on en peut faire de
même de nos arbres, comme celles qu'il y a dans le sapin , dans
le chêne, dans la vigne , dans la
palme , dans le figuier , dans cet
arbre qui produit des noix qu'on
appelle Cocos ; dans un autre arbre des Indes, des branches duquel sortent de nouveaux rejet-
tons, qui rampans à terre y prennent racine. Dans les herbes aussi,
comme du Chiendent, du Pavot,
du Chou , du Lierre, des Melons,
du Figuier d'Indes , de l'Aloës,
parmy lesquels nous connoissons
encore une si grande quantité de
moins dissemblables. Outre cela
que l'on fasse attention aux differentes manieres qu'elles ont de
multiplier, comme par les grai-

nes, les noyaux, par des branches d'arbres coupées par les deux bouts pour planter, par la manie- re que l'on a d'enter & greffer les arbres, par des oignons de fleurs, & de tant d'autres, qu'en- fin il ne faut pas croire qu'il s'en trouve en moindre quantité ou de moins surprenantes dans les Terres des Planetes, que sur la nôtre.

CHAPITRE VIII.

Où l'on prouve qu'il y a des hom- mes qui habitent les Planetes. Principes qui établissent cette verité. L'homme, quoique vitieux, est toûjours une creature conside- rable, & la principale du monde.

CE qu'il y a de singulier dans cette soigneuse recherche, & qui me fait plaisir, c'est qu'il

me femble ne l'avoir encore qu'ef-
fleuré , jufqu'à ce que j'aye mis
dans ces lieux éloignez des creatures raifonnables pour les contempler & les confiderer, pour prendre plaifir à voir un fi° grand
nombre de creatures , pour en
joüir & pour admirer leur beauté
& leur diverfité. Veritablement
je crois qu'il n'y a perfonne ,
pour le peu qu'il ait refléchi fur
cette matiere , qui ait douté
qu'il ne falût placer fur les Planetes quelques fpectateurs , non
pas peut-eftre des hommes femblables à nous , mais pourtant
des animaux qui euffent l'ufage
de la raifon ; c'eft-à-dire qu'il paroît , que tel que foit l'ornement
de ces Terres , cet ornement feroit inutilement créé, pour ainfi
dire , & fans aucune fin , fi l'on ne
croyoit pas qu'il fût regardé de
quelqu'un qui pût en comprendre la délicateffe & en même
temp

temps en tirer du profit, en ad-
mirant la fageffe du fouverain
Créateur. Quant à moy, ce n'eft
pas la principale raifon que j'aye
de croire que les Planetes foient
habitées par un animal doüé de
la raifon : car que deviendroit ce
raifonnement, fi nous répondions
que Dieu eft luy-même le fpec-
tateur des ouvrages qu'il a créez?
Et qui peut douter que celuy qui
a fait les yeux, ne voye fort clair,
& qu'il y prend plaifir ? Qu'on ne
demande rien de plus ? N'eft-ce
pas pour cela qu'il a créé les hommes & tout ce qui eft contenu
dans l'Univers ? C'eft pourquoy
ce qui m'oblige de croire qu'il y
a dans les Planetes un animal
raifonnable , c'eft que fans cela
nôtre Terre auroit de trop grands
avantages , & feroit trop élevée
en dignité par deffus le refte des
Planetes , fi elle feule avoit un
animal fi fort élevé au deffus de

E

tous les animaux ; & si les plantes estoient de même au dessus
des autres. Dans cet animal
reside aussi quelque chose de divin, dont il se sert pour connoître, pour entendre, pour comprendre, & pour se ressouvenir
d'une infinité de choses, pour
estre capable d'examiner le vray,
& de le discerner d'avec le faux;
enfin pour l'amour duquel il
semble qu'on ait preparé tout ce
que la Terre produit, tournant
tout à son usage. Il construit des
maisons avec du bois, des pierres & des metaux ; il vit d'oiseaux, de poissons, de bétail,
& d'herbages, il se sert pour faire
voyage sur mer, des commoditez
de l'eau & des vents; il reçoit
du plaisir de l'odeur & de belles
couleurs des fleurs. S'il n'y a point
dans les Planetes d'Animal de
cette sorte, que peut-il y avoir
qui soit d'un prix égal, & qui

recompenſe ce défaut. Suppoſons
que dans Jupiter il y ait une
diverſité d'Animaux beaucoup
plus grande, un plus grand nombre d'arbres, d'herbes, de métaux, il n'y aura rien dans tout
cela qui donne tant de relief à
ce Monde de Jupiter, & qui le
rende ſi conſiderable qu'eſt le
nôtre, à cauſe de la ſurprenante
nature de l'eſprit humain : ſi mon
jugement me trompe en cecy,
j'avoüe que je ne ſçay pas eſti-
mer les choſes ce qu'elles valent.

Qu'on ne diſe pas que ce même genre humain ſoüillé de tant
de vices, chargé de tant de maux,
ſoit la cauſe qu'on ne puiſſe attribuer aux Mondes des Planetes
quelque Animal de cette ſorte :
cela ne le rend pas moins conſiderable & moins beau ; puiſque
les vices qui ſont naturels à la
plus grande partie des hommes,
n'empeſchent pas que ceux qui

font profeſſion de la vertu, & qui
ſuivent la droite raiſon, ne doivent eſtre eſtimez comme quelque choſe de tres-excellent; outre
qu'il eſt certain que les imper-
fections n'ont pas eſté données
à la plus grande partie des hommes ſans ſujet. Car par un effet
de la volonté & de la providence
de Dieu, la Terre & ſes Habitans
eſtant tels que nous les voyons,
il ſeroit ridicule de croire que
toutes ces choſes euſſent eſté faites
contre ſa volonté & ſans qu'il eût
ſçû qu'elles devoient eſtre. L'on
doit croire que ce n'eſt pas ſans
raiſon que les eſprits des hommes ont eſté partagez ſi differem-
ment, & qu'il y en ait de tant
de ſortes ; mais que le mélange
des mauvais & des bons, & les
malheurs qui en arrivent, les guerres, les deſolations ne ſurvien-
nent pas pour un autre fin, que
pour réveiller les eſprits & leur

donner de l'exercice, par le moyen
de la neceſſité qui les preſſe; pendant que nous cherchons à nous
garentir de nos ennemis , ou par
l'adreſſe , ou par les armes ; &
afin que cherchant à nous exemp-
ter de la pauvreté & de la miſe-
re , nous faſſions une recherche
exacte de tous ces arts , que nous
tâchions d'en découvrir la ſource,
dont la connoiſſance nous faſſe
admirer avec neceſſité le pouvoir
& la ſageſſe de leur Autheur , &
que nous aurions peut-eſtre ne-
gligez dans d'autres occaſions, par
une ſtupidité égale à celle des
beſtes. L'on ne doit pas douter
que ſi les hommes paſſoient leur
vie dans une continuelle tran-
quilité & dans l'abondance de
toutes ſortes de biens , ils ne
ſeroient pas long-temps ſans vivre preſque comme des beſtes
brutes, ſans connoiſſance d'aucune
ſcience, ignorans pluſieurs commo-

ditez qui fervent à nous faire paffer la vie plus agréablement. Nous
n'aurions pas cet art merveilleux
de l'écriture, fi le grand befoin
qu'on en a dans le commerce
& dans la guerre, ne nous l'eût
fait inventer. C'eft à la neceffité
que nous devons l'art de la navigation & celuy de l'agriculture,
& la plus grande partie des autres fecrets dont nous joüiffons,
& même prefque tous ceux de la
nature qu'on a découverts par les
experiences de cette maniere.
L'on peut dire, que ce qui fembloit
eftre contre l'ufage de la raifon
luy fert beaucoup pour la perfectionner ; les vertus, la grandeur
d'ame, & la fermeté ne pouvant
guere fe manifefter que dans les
dangers & dans les malheurs.

Si l'on convient donc qu'il y
ait dans les autres Planetes une
efpece d'animaux raifonnables qui
foit prefque doüée des mêmes

vertus & des mêmes vices que
les hommes, l'on doit comprendre que cette espece eſt d'un ſi
grand prix, que les Planetes ſeroient beaucoup moins conſidera-
bles que nôtre Terre, ſi elles en
eſtoient privées.

CHAPITRE IX.

Les hommes qui habitent les Pla-
netes, ont la raiſon, l'eſprit, le
corps, de la même eſpece que
ceux qui habitent ſur la Terre.

SUppoſé donc que les Planetes ſoient habitées par des
animaux raiſonnables, l'on peut
demander ſi ce que nous appellons raiſon, eſt la même que parmi nous; ce qui paroît vray-ſemblable, ſoit que nous conſiderions
l'uſage de la raiſon par rapport
à ce qui conſerve les mœurs, &

la juſtice, ou par rapport à ce qui
regarde les principes & les élemens des ſciences. Parmy nous
c'eſt la raiſon qui fait naiſtre dedans nos cœurs des ſentimens de
juſtice, d'honnêteté, de vertu,
de clemence & de reconnoiſſan-
ce ; qui apprend generalement à
ſçavoir faire la difference du bien
& du mal, & qui rend nos ef-
prits capables d'inſtructions, &
de toutes ſortes d'inventions. Je
ne crois pas qu'on puiſſe s'imaginer une raiſon differente de celle-cy, & que ce qui paſſe chez
nous pour juſte, & pour bien-faits,
puiſſe paſſer dans Jupiter ou dans
Mars pour injuſte & criminel.
Aſſeurément cela n'eſt pas vray-
ſemblable, & paroît tout-à-fait
impoſſible : comme il eſt neceſſaire
d'eſtre guidé par la raiſon, qui
eſt celle que nous reconnoiſſons
icy pour conſerver notre vie, &
pour entretenir la ſocieté, ſi l'on
établiſ-

établissoit que la raison de ces
lieux-là eût des maximes opposées aux principes de la nôtre,
il s'ensuivroit la ruine & le ren-
versement de ceux qui auroient
eu en partage un esprit qui agi-
roit contre son devoir, & contre
la raison. Cependant l'Autheur
de la Nature a par-tout eû en
vûë, comme nous le voyons, la
conservation de ses ouvrages. Et
quoy qu'il en soit des passions de
l'ame chez les habitans de ces
Planetes, qu'elles soient differentes de nôtres jusqu'à un certain point, c'est-à-dire dans ce
qui regarde l'amitié, la colere,
la haine, l'honnêteté, la pudeur,
& la bienseance ; l'on ne sçauroit pourtant pas douter que dans
le desir ardent que l'on a de rechercher soigneusement la verité
dans la maniere de juger des consequences, des raisons qu'on nous
allegue, & principalement dans

G

les calculs qui regardent la quantité & la grandeur que la Geometrie a pour son objet ; s'ils ont quelque chose de cette sorte, (ce que nous verrons dans la suite) l'on ne doit pas, dis-je, douter que leur raison ne soit tout-à-fait semblable à la nôtre , & qu'elle ne se serve des mêmes moyens pour découvrir la verité, & que ce qui est vray parmy nous, ne soit la même chose dans les autres Planetes ; quoy qu'en ce qui regarde la force de la raison , & le pouvoir ou la facilité qu'on a de s'en servir dans ce que nous venons de dire , les habitans de ces Planetes ayent esté peut-estre partagez plus ou moins avantageusement que nous.

C'est passer trop avant. Il faut auparavant examiner ce que c'est que les sens corporels des animaux qui vivent dans les Planetes, desquels s'ils étoient privez,

à peine y auroit-il de l'apparence ou que leur fort eût efté de
vivre, ou qu'ils euffent eu l'ufage
de la raifon.

CHAPITRE X.

Les fens des animaux raifonnables
& de ceux qui font privez de la
raifon, qui vivent dans les Plane-
tes, font femblables à ceux de la
Terre. Explication des fens natu-
rels, leur ufage & comment fe
fait la fenfation de chaque fens
particulier.

JE crois qu'on pourroit faire
voir par des raifons de vray-
femblance, que les animaux, tant
les brutes que ceux qui font doüez
de la raifon font conformes pour
les fens à ceux de notre Terre.
Si nous faifons réflexion fur la
faculté que les animaux ont de
voir, fans laquelle il n'y auroit pas
moyen de paître ny d'éviter les
dangers, & que fans la veuë leur

vie feroit la même que celle des
taupes ou de ces longs vers qui
s'engendrent dans la Terre, cela
nous fera connoître qu'il eft abfolument neceffaire que où il y
a des animaux plus parfaits que
les nôtres, il faut qu'ils foient
doüez de la vûë; puifque rien
ne contribuë tant au bonheur de
la vie pour la conferver & pour
l'embellir. Si nous voulons obferver de prés l'admirable nature
de la lumiere, & l'artifice étonnant avec lequel les yeux ont
efté préparez pour joüir de la
vie, noùs comprendrons aifément
que la connoiffance que la veuë
nous donne des objets éloignez,
avec la mefure de leurs figures,
la difference que nous fçavons
faire des diftances, tout cela,
dis-je, ne fe peut apprendre que
par le moyen de la veuë. Ce fens
ny aucun autre de ceux que nous
connoiffons, ne peut fortir que

d'un mouvement exterieur , lequel mouvement , comme nous
l'avons expliqué ailleurs, pour produire la veuë part du Soleil ou
des Etoilles errantes , ou du feu,
desquels corps il se détache de
petites parties qui étant émûës
par un mouvement tres-prompt,
frappent continuellement & pouf-
fent au dedans la matiere celeste
répanduë autour : la quelle im-
pulsion passe subitement des parties les plus prochaines aux plus
éloignées , presque de la même
maniere que le son traverse l'air
pour venir frapper nos oreilles.
Sans ce mouvement & sans la matiere de l'air qui remplit les espaces qui font entre le Ciel &
nous , nous ne pourrions pas voir
ny le Soleil ny les Etoilles, ny
même les autres corps qui font
plus proches de nous, puisque ce
même mouvement doit venir par
réflexion de ces corps jusqu'à

nous. C'eſt ce mouvement qui
ébranlant l'organe de la veuë, eſt
appellé lumiere; & ce qu'il y a
de plus merveilleux en ce ſens,
c'eſt la delicateſſe infinie que
doivent avoir les filets des
nerfs qui ſervent à la viſion pour
pouvoir eſtre ébranlez par le plus
petit mouvement des parties les
plus ſubtiles de la matiere celeſte
ou globuleuſe, que l'on diſtingue
en même temps de quelle part
vient cet ébranlement. Enfin comment il ſe peut faire qu'un infinité d'avancemens que font les
parties les plus deliées de l'air
en ſe pouſſant les unes les autres,
ne s'embaraſſent en rien recipro-
quement non plus que leurs ſur-
faces rondes, dont les unes paſ-
ſent aux travers des autres. Toutes ces choſes ont eſté créées d'une
maniere ſi merveilleuſe & ſi ſub-
tile, que les hommes avec tout leur
eſprit ne peuvent encore bien

les penetrer ny comprendre comme cela se passe. Car qu'y a-t'il de
si merveilleux que de voir que la
plus petite partie du corps ait esté
faite d'une maniere, que par son
secours un animal connoisse la
figure des corps placez loin de
luy, leur situation , leur moindre mouvement , & leur éloignement ? & cela avec la difference de leurs couleurs, pour les
distinguer les uns d'avec les autres.

Outre cela l'ingenieuse construction de l'œil , par le moyen de
laquelle les objets se peignent
sur la superficie de la choroïde ,
me paroît estre au dessus de l'admiration , & il n'y a rien en quoy
Dieu ait observé d'une maniere
plus sensible les regles de la Geometrie ; & non seulement cette
construction de l'œil est tres-in-
genieuse , mais il paroît encore ,
lors qu'on y a fait attention, qu'elle

n'a pû eftre d'une autre maniere.
Car ny la lumiere ne pouvoit pre-
fenter à nos fens les objets éloignez autrement que par la com-
munication du mouvement de la
matiere celefte, ni les yeux ne pou-
voient eftre conftruits d'une autre
maniere auffi propre à nous répre-
fenter les images diftinctement.

Ce qui me fait croire que c'eft
fe tromper lourdement, que de
foûtenir qu'on a pû difpofer ces
petits miracles en plufieurs fa-
çons differentes, c'eft qu'il eft
tout-à-fait croyable que ces chofes fe paffent dans les contrées des
Planetes de la même maniere
qu'icy, & que les animaux qui y
habitent, n'ont pas d'autre moyen
de recevoir la lumiere & de voir.
Ils auront donc des yeux, & du
moins deux chacun, pour pouvoir connoître les éloignemens
des chofes qui fe prefentent devant leurs yeux, fans quoy pour

roient-ils à peine marcher enſeu-
reté. A la verité l'on ne ſcauroit
ſe diſpenſer d'accorder ces dons
de nature à preſque tous les animaux des Planetes, pour les beſoins de la vie, & ſur tout à ceux
qui ſont doüez de raiſon & d'intelligence, pouvant par-là tirer
beaucoup d'utilité de la vûë. C'eſt
pour cela qu'il eſt plus juſte qu'ils
ayent eſté avantagez d'un ſi beau
don. C'eſt par la veuë que nous
connoiſſons la beauté des couleurs, la délicateſſe & la juſteſſe
des figures ; c'eſt par elle que nous
liſons, que nous conſiderons attentivement le Ciel & les Aſtres,
que nous meſurons leurs cours,
& leurs grandeurs, ce que nous
verrons un peu aprés, & juſqu'à
quel point cela touche les habitans des Planetes. Voyons maintenant s'il eſt vray-ſemblable que
nos autres ſens corporels leur
ſoient auſſi tombez en partage.

Pour ce qui regarde le fens de l'oüie, beaucoup de chofes veritablement nous perfuadent que tous les animaux en joüiffent. Ce fens fert beaucoup pour preferver la vie des dangers , puifque l'on eft fouvent averti par le fon & le bruit éclatant , du malheur dont on eft menacé, fur tout dans la nuit , & dans les tenebres , le fecours des yeux nous eftant ofté. Nous voyons outre cela comme la plûpart des animaux fe fervent du fon de la voix pour appeller leurs femblables , & pour fe faire entendre les uns aux autres beaucoup de chofes , dont à la verité nous ne nous appercevons guere , mais qui font peuteftre avec plus de perfection que nous ne croyons. Pour ceux qui ont l'ufage de la raifon , fi nous onfiderons le grand avantage r'ils tirent de la voix & de l'oüye, peine paroîtra-t-il croyable ,

qu'un sens, si utile & que l'organe
qui nous fait parler, n'ait esté inventé que pour l'usage de ceux
qui habitent notre Terre. Comment se pourroit-il faire que ceux
qui sont privez d'une si grande
faveur, ne manquassent pas de
beaucoup de commoditez de la
vie ? & comment se pourroit-il faire, que leur bonheur fût pareil au
nôtre? ou bien par quel autre avantage pourroit-on recompenser ce
défaut, si nous faisons ensuite attention sur la belle & industrieuse
maniere avec laquelle la nature a
fait ensorte que ce même air, dont
la respiration nous fait vivre, dont
le soufle nous sert pour naviger ;
qui donne aux oiseaux le pouvoir de voler ; que ce même air
soit disposé à faire sortir le son,
& à le faire entendre, le son ensuite à former la parole, & à la
faire entrer dans les oreilles ; à
peine peut-on croire qu'elle ait

negligé dans les Terres éloignées
cet infigne ufage de l'air. On ne
peut pas douter qu'il n'y ait un
air qui circule & s'appuye comme
fur fon centre, fur tous les Globes;
puifque nous avons dit qu'il paroît
des nuages dans Jupiter. Comme
nos nuages font compofez de petites goutes d'eau fort déliées, de
même l'air qui environne la terre
de plus prés , eft formé ordinairement & compofée de particules
d'eau qui voltigent féparément les
unes des autres. Ce qui nous per-
fuade auffi qu'il y a un air pour les
autres Planetes, c'eft que la maniere de refpirer , qui entretient la
vie de tous les animaux que nous
avons icy, femble abfolument naître de ces principes de la nature
les plus generaux , comme des
d'eftre nourris fruits de la terre.

Pour parcourir les autres fens
corporels des animaux , il paroît
neceffaire d'accorder le fens du

toucher à tous ceux qui font couverts d'une peau tendre & flexible,
pour pouvoir fe garentir , & éviter ce qui feroit capable de les
offenfer & de les blefſer , puiſque fans cela ils feroient expofez
aux coups , aux meurtriſſures , &
aux bleſſures ; en quoy la nature
a efté fi provoyante , qu'elle n'a
pas voulu que la moindre parti-
cule de notre peau fût infenfible
à la douleur. Par confequent il
faut que les habitans des Planetes ayent cette faculté du toucher,
fi neceſſaire pour la confervation
& la fureté des animaux.

Tous les hommes fçavent que
l'odorat & le goût font néceſſai-
res aux animaux qui repaiſſent,
pour fçavoir faire la difference
de ce qui leur eft bon , & de
ce qui leur eft nuifible. Ainfi
fi les animaux des Planetes fe
nourriſſent d'herbes, de grains,
ou peut-eftre de viandes, il eft

fûr qu'ils ne font pas dépourveus
des fens de l'odorat & du goût
qui leur font fi neceffaires pour
fe preferver d'un mauvais aliment,
& pour en defirer un bon.

Quelques perfonnes ont de-
mandé s'il ne fe feroit pas pû
faire qu'outre les cinq fens corporels dont nous venons de parler, la nature nous en eût donné
encore quelques autres. Mais fi
l'on en demeuroit d'accord, il y
aur it occafion de douter que les
fens corporels des animaux des
Planetes ne fuffent bien differents de ceux de notre Païs. Cependant on ne voit point d'autres moyens de connoître que
par les fens; & quand nous confiderons attentivement à quels
ufages de la vie font deftinez
ceux que nous poffedons, il ne
paroît pas qu'on en puiffe ajoûter aucun autre, du moins qui
foit neceffaire. La providence a

fait enforte que nous connuffions
par les yeux quels font les objets qui fe prefentent à notre veuë,
tant les proches que les plus éloignez , elle a de même fait en
forte que le fens de l'oüie apprît
& fift entendre ce qu'on ne peut
voir, foit derriere nous , foit dans
les tenebres & dans l'obfcurité.
Elle a permis auffi que des chofes
dont les yeux ny les oreilles ne
nous annonceroient pas la prefen-
ce, nous ne laiffaffions pas d'en
avoir des preffentimens par le
moyen d'un autre fens, qui eft
dans les narines , que nous appellons le flairer ou l'odorat, qui dans
les chiens eft d'une fubtilité merveilleufe. Enfin elle a fait enforte
ques les objets qui échaperoient
à ces quatre fens-là , fuffent aper-
ceûs par le fens du toucher, pour
empefcher qu'en fe heurtant contre nos corps , ils ne nous puiffent
endommager. Ainfi elle a pourveu

de toute maniere à la conservation des animaux, & il ne se peut
rien ajouter ny desirer de plus,
en sorte que le Créateur n'auroit
guere pû donner autre chose aux
habitans des Planetes, qui ne leur
eût esté superflu.

Mais puisque outre le profit
que les hommes peuvent retirer
des cinq sens corporels, ils en
reçoivent aussi du plaisir, comme
du goût dans les viandes, de l'o-
dorat dans les fleurs, & les par-
fums ; de la veuë en contemplant
la beauté des figures & des couleurs ; de l'oüie, en écoutant le
chant de plusieurs voix, ou le
son des instrumens de Musique
qui composent une harmonie parfaite ; du toucher dans les plaisirs
sensibles, quoy qu'on pourroit dire
que ce sens est particulier, puis
qu'il n'y a point d'animaux qui
ne retirent du profit & ne reçoivent du plaisir de quelqu'un des
cinq

cinq fens corporels, dont nous
venons de parler. Ne dirons nous
pas que les dons de la nature ont
esté diftribuez prefque de la même maniere aux habitans des autres Planetes ? & il femble que
la raifon le demande ainfi. Si nous
confiderons en general combien
la joüiffance des plaifirs qui naiffent des fens, rend la vie plus heureufe & plus agreable, nous ne
devons pas attribuer ces plaifirs
aux feuls habitans de cette Terre, & les refufer à ceux des Planetes, comme fi nos interefts
étoient beaucoup preferables aux
leurs. Si nous faffions attention au plaifir que l'on prend
dans le manger & boire, & dans
l'union des deux fexes par la co-
pulation charnelle, nous comprendrons que ce font comme
des commandemens neceffaires
de la nature prévoyante, qui par
là oblige tacitement les animaux

H.

à conserver & à multiplier leurs
especes par la generation. De
même dans les bêtes, qui par la
generation multiplient leurs especes & joüissent de l'un & de l'autre plaisir. Il est juste par consequent, que ces mêmes choses
soient ainsi dans les Planetes.
Quand je considere en effet
quelle est la valeur de tous ces
mysteres, le grand profit qu'on en
tire , & combien grand est le
plaisir de la volupté, que rien dans
le monde ne sçauroit égaler, cela
me persuade que notre Terre, qui
n'est qu'une des petites Planetes,
n'est pas la seule qui ait esté avan-
tagée d'un si beau don. Jusqu'à
present nous avons parlé sur ce
qui touche les sens corporels, il
faut maintenant s'entretenir sur
ce qui touche la raison. L'homme outre ces plaisirs en a d'autres qu'il ne reçoit que de l'entendement & de la raison. Les

uns font accompagnez de joye,
les autres font graves & ferieux,
fans eftre pour cela moins dignes
de notre eftime, tels que font
ceux qui naiffent du progrez que
l'on fait dans les fciences, des découvertes que l'on y fait auffi-bien
que dans les arts, & de la connoiffance que l'on acquiert de la
verité. Nous verrons par la fuite
de cet ouvrage, fi les habitans
des autres Planetes joüiffent de
ces avantages.

CHAPITRE XI.

Le feu n'eft point un élement, il'
refide dans le Soleil. Il y a du feu
dans les Planetes ; les manieres
dont on l'excite ; fon utilité, &
fes ufages.

IL refte à prefent à examiner
fi ce qui eft fur les Planetes,

doit reſſembler à ce qui eſt ſur
notre Terre. Pour ce qui regarde
les élemens de la Terre, de l'Air,
& de l'Eau, nous avons fait connoître qu'il eſtoit aſſez vray-ſemblable que les mêmes Elemens
s'y trouvent. Voyons s'il en eſt
de même du feu, que nous ne devons pas appeller un élement,
mais un certain mouvement impetueux des particules qui ſe dé-
tachent avec violence de quelques corps. A l'égard de cet Element, quoy que ce puiſſe eſtre,
il y a bien des choſes qui prouvent
qu'il a eſté donné auſſi aux habitans des Planetes, premierement parce qu'il ſemble que le
ſiege naturel du feu ait eſté placé
plûtôt dans le Soleil que dans
cette Terre. Comme c'eſt par la
chaleur du Soleil que nos herbes & nos animaux croiſſent &
s'entretiennent, il n'y a pas à douter que ce ne ſoit de même dans

les autres Planetes. Et comme
c'eſt par un plus haut degré de
chaleur que s'engendre le feu, il
eſt croïable que dans les Planetes
qui ſont les plus proches du Soleil,
il y a les mêmes dégrez de chaleur qui ont la vertu & la proprieté d'engendrer le feu. Nous
voyons enſuite par combien de
manieres on allume le feu, en ra-
maſſant les rayons du Soleil, par
la reverberation des baſſins, ou
des miroirs ardens, avec un fuſil,
en frottant les pieces de bois les
unes contre les autres, en entaſ-
ſant des monceaux d'herbes qui
ne ſont pas ſechées, par le feu
du Ciel, par les embraſemens
des montagnes & des terres où
il y a des veines de ſouffre & d'autres manieres encore. C'eſt pourquoy il ſeroit ſurprenant, que dans
les Terres des Planetes on n'allu-
mât pas ainſi du feu. C'eſt par
luy, ſi nous voulons réflechir ſur

l'utilité que nous en retirons, & fur
la neceſſité dont il nous eſt , c'eſt
par le feu , dis-je , que nous nous
garentiſſons des incommoditez
du froid , fur tout dans les Païs où
la chaleur du Soleil ſe fait moins
ſentir à cauſe de l'obliquité de ſes
rayons. Ainſi ce feu fait qu'une
grande partie des Terres ne demeure pas inculte & inhabitée ;
ce qui dans les Planetes eſt un
remede également neceſſaire, ſoit
qu'on y ſente comme icy les retours de l'Eſté & de l'Hyver , ſoit
que l'on y joüiſſe d'un équinoxe
continuel ; parce que dans ces
Globes, auſſi bien que dans le nôtre , il eſt conſtant que les lieux
qui approchent le plus des pôles,
reçoivent peu de ſoulagement de
la chaleur du Soleil. C'eſt par ce
même feu que nous nous éclairons
la nuit , & que de cette nuit nous
en faiſons comme d'un autre
jour par où on allonge le temps;

pour les usages de la vie. C'est
pourquoy par toutes ces raisons il
paroît que les habitans de la Terre
ne sont pas les seuls qui joüissent
d'un bien si avantageux, mais au
contraire qu'il a esté accordé aux
autres Planetes.

CHAPITRE XII.

Les animaux ne doivent pas eſtre de differentes grandeurs dans les Planetes, de celle qu'ils ont ſur la Terre. La grandeur & l'ex-cellence de l'homme au deſſus des autres animaux par rapport à ſa raiſon. Il y a des hommes dans les Planetes, qui cultivent les ſciences. Preuve de cette verité, par l'A-ſtronomie. Les inſtrumens de Ma-thematique, l'art d'écrire & de meſurer ſe doit trouver dans les Planetes, peut-être avec moins de perfection que parmi nous.

JE ne doute pas que l'on ne demande ſi les animaux raiſonnables ou brutes, ſi les plantes &
les arbres, ſi ce qui naît dans ces
lieux éloignez, reſſemble en grandeur à ce que nous poſſedons icy.
Si

Si l'on mesure les parties des
corps par la grandeur des Globes, il y auroit dans Jupiter &
dans Saturne des animaux dix ou
quinze fois plus hauts que des
Elephans, ou qui seroient quinze
fois plus longs que nos Baleines.
Enfin les animaux qui sont doüez
de raison, surpasseroient en grandeur les Géants en comparaison
des nôtres. Quoyque cela pourroit bien estre, cependant nous
n'avons aucune raison qui nous le
persuade ; puis qu'il paroît en
beaucoup de choses que la nature
ne s'est pas assujettie à suivre les
mesures & les proportions qui à
nos sens pourroient paroître raisonnables & justes, par exemple
en ce que la grandeur des Globes
des Planetes n'a pas esté reglée sur
leur éloignement du Soleil, Mars
étant evidemment plus petit que
Venus, quoy qu'il en soit plus
éloigné, & le mouvement circu-

I

laire de Jupiter fur fon axe, fe faifant en dix heures, au lieu que celuy de la terre, quoyque fi petite en comparaifon, fe fait en vingt-quatre heures. L'on pourroit encore douter, puifque la nature neglige ainfi la proportion, s'il n'y auroit pas pour habitans des Planetes, des nains, ou des animaux qui ne fuffent pas plus grands que des rats, ou des grenoüilles. Je feray voir dans la fuite comme l'on doit croire que cela ne feroit pas raifonnable.

Il pourroit naître encore un autre doute, fi dans chacune des Planetes il n'y a qu'une feule efpece d'animaux qui ayent eû la raifon en partage, ou s'il y en a plufieurs efpeces : je ne parle pas de ceux qui font faits comme des hommes, & qui en ont la figure, quoy qu'on le pourroit dire, fi on avoit égard aux fens & à l'entendement de quelques-uns, du genre de beftes, par exemple des chiens, des finges, des caftors, des élephans, & de quelques oifeaux, & des petits abeilles, ces animaux étant tels, qu'il ne femble pas que le genre humain foit le feul qu'on doive dire avoir la raifon en partage, tant il paroît dans les beftes de reffemblance aux hommes, quoyque fans éducation ou experience.

L'on ne peut douter cependant que l'entendement & le genie des hommes n'excelle & ne foit au deffus de celuy des autres animaux, puis qu'il eft propre à une infinité de chofes capables de prendre des mefures pour l'avenir, & doüé du fouvenir des chofes paffées, ce qui s'étend à l'infini. Si nous examinons avec foin quelle eft cette difference de l'excellence de l'efprit humain, nous croirons avec affez de raifon que la nature a auffi preferé dans les

I ij

Planetes une certaine espece d'a-
nimaux aux autres, qu'elle en
a fait plus d'estime & plus de cas,
en luy donnant une raison plus
éclairée, & cela avec d'autant
plus de raison, que s'il y avoit plusieurs especes d'animaux qui eussent la même subtilité de l'esprit,
ils pourroient se faire du mal les
uns aux autres & disputer entr'eux
des biens & de l'authorité.

Il paroît assez que l'usage, que les
hommes font de leur raison pour
se procurer les commoditez de la
vie, comme de se bâtir des maisons, pour se mettre à couvert des
injures de l'air, d'entourer leurs
habitations de murailles, pour ne
point craindre les insultes de leurs
ennemis, se faire des loix pour
conserver le repos & la seureté
de leur vie, d'élever des enfans,
d'amasser dequoy vivre, ne rend
point leur condition preferable à
celle des autres animaux : car ils

se procurent presque toutes ces
mêmes commoditez plus simple-
ment & plus facilement que nous,
& ils n'ont point besoin des autres, ny même des sentimens, de
vertu, de justice, d'amitié, de re-
connoissance, d'honnêteté, par
lesquels nous élevions cy-devant
l'esprit de l'homme au dessus de
celui des autres animaux; ils n'ont
d'autres usages que de s'opposer
aux vices des hommes, & de les
empêcher de se détruire les uns &
les autres; ce que les bêtes font sans
ce secours par le seul instinct de
la nature. Enfin si nous comparons la vie douce, tranquille &
innocente des bestes, avec les divers soins, les inquietudes d'esprit, les desirs, la crainte de
la mort, qui accompagne notre raison; la condition de la
plûpart, sur tout celle des Oiseaux, nous paroîtra préferable à
celle des hommes. Pour ce qui

regarde les plaifirs fenfibles, il n'y a pas de difficulté qu'ils en joüiffent comme nous, quoy qu'en difent quelques nouveaux Philo-fophes, qui prétendent que tous les animaux, excepté l'homme, n'ont nuls fentimens, & que ce font de veritables machines & des antomates. Je fuis furpris que des opinions fi abfurdes viennent dans l'efprit de quelqu'un ; les beftes nous donnant par leurs cris, par leur fuite, quand on les veut fraper, & dans toutes leurs autres actions, des preuves du contraire. Je ne doute même prefque pas que les Oifeaux n'ayent un fort grand plaifir à fendre l'air d'un vol rapide, & qu'ils n'en euffent encore un plus fenfible, s'ils pou-voient comparer notre marche lente & abjete, avec la viteffe & l'élevation de leur vol.

En quoy donc confifte la pré-éminence de l'efprit humain, qui

fait que nous mettons le fort des
hommes fi fort au deffus de celuy des autres animaux ; fi ce
n'eft qu'il eft capable de contempler la nature & les ouvrages de
Dieu ; de cultiver les Arts & les
Sciences, par le moyen defquelles
il vient à connoître en partie l'excellence & la grandeur des productions de la Toute - puiffance.

Sans les Sciences, que feroit-
ce que la fpeculation , & quelle
difference y auroit-il entre ceux
qui par pareffe ou par ignorance
s'amufent à regarder la beauté du
Soleil , fon utilité , le Ciel éclairé
& embelli par les Aftres ; & les
autres plus fçavans, qui tâchent à
découvrir le cours de toutes ces
chofes, qui confiderent la fituation des Aftres & leurs mouvemens ; comment les Etoiles fixes
font differentes des Etoiles errantes , & qui comprennent quel eft

I iiij

le fujet qui produit cette révolu-
tion conftante des quatre faifons
de l'année, oppofées les unes aux
autres, lefquels par un calcul fub-
til mefurent la grandeur du Soleil & des Planetes, & leur éloignement ? Combien y a-t-il encore de difference entre ceux
qui admirent les divers mouvemens & la vitefle des animaux,
& ceux qui confiderent dans eux
l'admirable ftructure de tous leurs
membres, leur liaifon & leur compofition ingenieufe ? Si donc les
autres Planetes ne font pas de
moindre condition que nôtre terre, & fi elles poffedent d'auffi
grands avantages qu'elle, comme nous l'avons établi cy-deffus
pour principe & pour fondement ;
il faut qu'il y ait des animaux,
qui non feulement confiderent &
admirent les ouvrages de la nature, mais dont la raifon foit oc-
cupée à les examiner, à les re-

connoître , & qui n'ayent pas
moins acquis de lumieres que
nous. C'est pourquoy ils regardent
non seulement les Astres, mais ils
cultivent aussi la science de l'Astronomie ; & rien ne nous empêche de le croire, que la trop
bonne opinion que nous avons de
tout ce qui nous appartient, laquelle ne peut partir que d'un
fond d'orgüeil , & dont nous ne
sçaurions nous défaire qu'avec
une étrange peine. On dira peut-
estre que c'est estre bien hardi
que d'attribuer toutes ces choses aux habitans des Planetes :
puisque nous sommes venus si
avant aprés avoir rapporté & ac-
cumulé une infinité de vray-
semblances, entre lesquelles s'il
s'en trouve une seule qui soit contraire à ce que nous avons supposé , tout cet ouvrage doit se
détruire de luy-même. Je vou-
drois qu'on pût se persuader que

ce que nous avons dit de l'Aſtronomie, pût ſe prouver & s'é-
tablir, ſans qu'il fût neceſſaire de
parler de tout ce que nous avons
avancé juſqu'à preſent : car aprés
avoir avancé & établi, que cette
Terre doit paſſer pour eſtre du
nombre des Planetes, & qu'elle ne
leur eſt pas préferable en dignité
ou en ornement ; qui oſera dire
qu'elle eſt la ſeule dans laquelle il ſe trouve des gens qui ſoient
les ſpectateurs des merveilles de
l'Univers, qui eſt le plus beau &
le plus magnifique de tous les
ſpectacles ; ou qu'entre ceux qui
ont cet avantage, nous ſoyons
les ſeuls qui ayons découvert plus
à fond & plus parfaitement les
ſecrets du Ciel ? Cette preuve
pourroit ſuffire pour établir dans
les Planetes la connoiſſance de
l'Aſtronomie, où il y a non ſeulement un animal doüé de la raiſon,
mais encore beaucoup d'autres

dont nous avons parlé cy-deſſus.

Mais ſi nous faiſons attention, que c'eſt vray-ſemblablement la frayeur que les hommes ont eu lors qu'ils ont vû le ſoleil ou la Lune s'éclipſer , & l'admiration qui l'a ſuivie, qui les ont engagez à s'appliquer à l'Aſtronomie, & à examiner le mouvement de ces Aſtres; nous ſerons portez plus aiſément à croire que les habitans des autres Planetes , ſur tout ceux de Jupiter & de Saturne ſe ſont appliquez à cette même ſcience à cauſe des éclipſes de Lune qui y arrivent preſque tous les jours, & que celles du Soleil y ſont fort frequentes , en ſorte que ſi l'on ſuppoſe un homme ignorant de ce qui ſe fait dans toutes les Planetes ; il dira qu'il eſt bien plus vray-ſemblable que l'Aſtronomie ſoit familiere dans ces deux grandes Planetes, que non pas dans la nôtre.

Aprés avoir fuppofé que les habitans des Planetes ont la connoiffance & l'ufage de cette fcience ; il doit s'enfuivre beaucoup de chofés qui donneront lieu à de nouvelles conjectures touchant la vie qu'ils menent , & quel eft leur état.

L'on ne fçauroit faire aucune obfervation pour rechercher foigneufement le mouvement des Aftres , fans fuppofer en même tems des inftrumens de Mathematiques propres à les contempler ; foit qu'ils foient faits de métail , foit de bois ou d'une autre matiere folide ; ce qui ne fe peut faire fans outils , comme une fcie , une petite hache recourbée , un doloir , un marteau & une lime ; & l'on ne fçauroit avoir ces inftrumens , fans fe fervir du fer ou de quelque autre métail également dur : il faut avoir avec ces inftrumens les arcs d'un cercle

partagé en parties égales, & des
regles droites. Il faut ensuite commencer par appeller à son secours
l'Arithmetique & la Geometrie,
pour mesurer la Terre & les autres Corps Celestes ; & aprés il
faut transcrire pour la posterité,
les observations qu'on a faites,
pour remarquer les temps & les
époques, qui sont des choses qu'on
ne sçauroit pratiquer ny entendre sans les mettre par écrit. Il
faut donc qu'ils ayent aussi leur
art d'écrire, peut-estre different
du nôtre , & qui est celuy dont
presque toutes les Nations se servent , si ingenieux , si facile à
comprendre, qu'à peine en pour-
toit-on trouver un autre qui le
fût davantage. Notre maniere
d'écrire n'est-elle pas préferable
à celle des Chinois , qui y employent une infinité de caracteres, à celle des Barbares du Me-
xique & du Perou , dont les uns

se servoient autrefois de nœuds
qu'ils faisoient avec de petites
cordes , & les autres de figures
peintes ; & nous voyons qu'il n'est
point de Nation , qui ne se soit
pratiqué quelque maniere d'écrire ou de marquer par tel caractere que ce soit , les choses dont
on veut garder le souvenir. Ce
n'est donc pas merveille , si les
habitans des Planetes contraints
par la necessité , ont aussi trouvé
une maniere d'écrire, & si ensuite
ils l'ont employée aux études de
l'Astronomie & des autres sciences. Il y a encore une chose qui
fait connoître qu'on ne sçauroit
se passer d'écriture dans les matieres d'Astronomie ; c'est qu'il
faut, pour ainsi dire , deviner les
mouvemens des Astres par des
diverses hypotheses, en faisant de
differentes suppositions ; & de ces
hypotheses & suppositions , les
premieres se doivent corriger par

celles qui fuivent, felon que l'on en fait voir les erreurs & les défauts, par les obfervations & les calculs de la Geometrie ; & de tout cela, il n'en peut rien demeurer à la pofterité fans le fecours de l'écriture, & qu'on n'en ait tracé des figures.

Cependant aprés avoir accordé toutes ces chofes aux habitans des Planetes, cela n'empêche pas que nous ne les furpaffions dans la connoiffance des Aftres, & que cette connoiffance ne foit bien plus parfaite que la leur, foit pour mieux connoître quelle eft la veritable figure du Syftême general du monde, foit à caufe de l'ufage des lunettes par le moyen defquelles nous confiderons les corps des Planetes, leurs grandeurs, & leurs differentes figures. Nous appercevons des montagnes fur la furface de la Lune, & les ombres que ces montagnes portent, la quantité prodigieuse des Etoiles, & beau-coup d'autres chofes qu'on ne verroit pas fans cela, quoy qu'il foit prefque neceffaire d'attribuer auffi aux habitans des Planetes, cette perfection de la connoif-fance des Aftres, à moins que nous ne voulions nous flater en-core par la préference que nous nous donnons. Je crois fans ap-prehenfion pouvoir dire qu'il faut leur attribuer une vûë, ou qui foit au deffus de la nôtre, ou qui foit aidée comme la nôtre, par le fecours des lunettes de longue vûë, ou par le fecours des miroirs.

CHAP.

CHAPITRE XIII.

Réponse à quelques objections sur les principes précedens.

CE n'est pas sans fondement, comme il y a apparence, qu'on peut objecter qu'il se peut faire que les habitans des Planetes soient privez de toutes les sciences les plus subtiles, de même que les nations de l'Amerique en étoient privées avant que les Européens eussent penetré jusques dans leur païs. Si nous faisons refléxion sur ces nations de l'Amerique, & sur beaucoup d'autres repanduës dans l'Affrique & dans l'Asie, aussi grossieres que celles de cette Region, nous verrons & nous connoîtrons que le souverain Créateur du monde n'a eu d'autre dessein

1. Objection.

Réponse.

K

que celuy de faire joüir les hommes, de la vie, en se contentant
des biens & des plaisirs que la
nature leur fournit, adorant dans
un esprit plein de reconnoissan-
ce l'Auteur de tous ces bienfaits;
& qu'au contraire il n'en a des-
tiné qu'un petit nombre à la recherche des sciences, contre le
commun naturel des hommes.
Il est tres-seur que Dieu a prevû
que les esprits des hommes feroient de tels progrez, qu'ils s'ef-
forceroient de connoître les ouvrages celestes ; qu'ils invente-
roient des arts necessaires à la
vie ; qu'ils feroient des voyages
sur mer , & qu'ils creuseroient
dans le sein de la Terre pour tirer des mines les métaux : n'é-
tant pas possible qu'aucune de
ces choses arrivât contre la volonté de cette Intelligence infinie. S'il l'a donc prevû , il s'ensuit que ces choses ont esté des-

tinées pour le genre humain ; &
l'étude des Arts & des Sciences
ne pourra point paſſer pour eſtre
étranger à l'homme , comme ſi
c'étoit quelque choſe qui fût contre l'ordre de la nature , & puiſque l'on s'en ſert à rechercher ,
comme à la piſte , & avec beaucoup de ſoin , les ſecrets de cette
nature ; eſtant de plus impoſſible qu'une ſi grande paſſion pour
les Sciences ait eſté attachée à
l'eſprit humain inutilement. On
pourroit encore objecter ſi les
hommes ſont nez pour la ſcience
de l'Aſtronomie ; pourquoy il y
en a ſi peu qui s'y appliquent ,
puiſque des quatre parties du
monde , l'Europe eſt preſque la
ſeule où l'on la cultive. Pour ce
quiregarde l'AſtrologieJudiciaire,
qui forme des predictions ſur la
conſideration des Aſtres , & qui
n'eſt pas une ſcience , mais une
eſpece de malheureuſe deliro

1. Ob-
jection.

K ij

tres-souvent préjudiciable ; je ne
crois pas en devoir faire aucune
mention. Entre les Nations de
l'Europe, de cent mille personnes,
à peine s'en trouvera-t-il une qui
aime les Sciences, ou qui prenne
soin de les apprendre. On peut
dire enfin , qu'il s'est écoulé plusieurs siecles avant que l'on eût
aucune teinture de l'Astronomie,
ou de la Geometrie, sans laquelle l'on ne sçauroit apprendre l'autre. L'on sçait que ces deux Sciences sont nées en Egypte & en
Grece , & qu'il n'y a pas encore
quatre-vingts ans passez qu'on a
trouvé le veritable & naturel
mouvement des Planetes, aprés
qu'on eut rejetté les figures des
Epicyales , & qu'enfin par ce
moyen l'on a joint l'Astronomie
à la connoissance de la nature.

Réponse. Pour prévenir ces objections ,
j'ajoûteray à ma precedente réponse, que j'ay tiré de la Provi-

dence de Dieu , qu'on ne peut
douter que les hommes ne soient
nez avec un naturel & des caracteres propres à déterrer peu à
peu les Arts & les Sciences; estant
veritable qu'ils ne font pas nez
avec ces Arts & ces Sciences , &
quelles ne leur font point naturelles, ne les ayant point eu infu-
fes de Dieu, fur tout celles dont
nous parlons , qui font les
plus difficiles & les plus abftrai-
tes. Il eft plus furprenant qu'elles ayent eu commencement ,
qu'il ne l'eft d'y travailler maintenant. Peu de gens, je l'avouë ,
paroiffent dans chaque fiecle
s'en eftre fouciez ny mis en peine,
& même d'avoir crû que cela
les touchât en rien. Mais fi l'on
fait réflexion, que dans les der-
niers fiecles, le nombre de ceux
qui s'y font attachez, fe trouve
affez grand ; l'on connoîtra que
ces hommes curieux font plus

heureux que les autres , & que les avantages qu'on a tirez de leurs découvertes dans les Scien, ces & dans les Arts , s'étendent chez toutes les Nations. Puis qu'il se trouve sur notre Terre des habitans qui ont de la dispo-sition pour les Sciences , il est assez clair & évident qu'il s'en trouve de même dans les autres Planetes. Sur ces consequences passons à d'autres matieres.

CHAPITRE XIV.

Les habitans des Planetes doivent avoir des mains pour se servir des instrumens de Mathematique : L'usage & la necessité des mains à l'homme raisonnable. Dexterité de l'Elephant à se servir de sa trompe comme d'une main. Les habitans des Planetes ont des pieds, & marchent comme nous.

APrés avoir montré, en accordant aux habitans des Planetes, la science de l'Astronomie, qu'il leur faloit en même temps accorder non seulement la Geometrie & l'Arithmetique, mais encore les Arts mechaniques & les instrumens de Mathematiques : Il se presente une autre question par une suite naturelle,& par un enchaînement de matiere , sçavoir comment ils peuvent se servir de ces instru-mens & de ces machines des lu-nettes de longue-veuë pour ob-server les Astres, comment ils peu-vent former des caracteres ; tout cela s'executant par le moyen des mains. C'est pourquoy il est d'une cósequence necessaire qu'ils aïent des mains ou quelque autre mem-bre qui puisse suppléer à leur dé-faut. Un certain Philosophe de l'antiquité croyoit que dans les mains il se trouvoit tant de se-cours, tant d'avantage pour le gen-re humain , qu'il mettoit en elles le principe de toute la sagesse : ce Philosophe , comme je le crois, vouloit dire que sans le secours des mains les hommes n'avoient jamais pû cultiver leur esprit , ny comprendre les raisons de ce qui se passe dans la nature. A la verité ce Philosophe a tres bien

pensé

penfé ; car fuppofé qu'au lieu
des mains l'on eût donné aux
hommes la corne du pied d'un
cheval ou d'un bœuf, ils n'auroient jamais bafti de villes ny
de maifons, quoy qu'ils euffent
efté doüez de la raifon ; ils n'auroient pû s'entretenir d'autre chofe que de ce qui regarde la nourriture, le mariage ou leur propre
défenfe. Ils auroient efté privez
de toutes fortes de fciences, de
l'hiftoire des temps & des fiecles
paffez ; enfin ils auroient fort ap-
proché des beftes. Quel inftru-
ment peut-il donc y avoir auffi
commode que les mains, pour
faire & fabriquer ce nombre infini de chofes dont nous recevons
des commoditez ? Les Elephans
fe fervent de leur trompe d'une
maniere admirable & merveilleufe ; c'eft avec cette trompe
qu'ils fçavent non feulement fer-
rer loin d'eux ce qui leur plaift,

L

mais encore lever de terre tout
ce que l'on sçauroit s'imaginer de
plus petit. C'eſt de là qu'on a
nommé cette partie de leur corps
leur main , quoyque ce ne ſoit
autre choſe qu'un nez fort alon-
gé. L'on voit auſſi qu'il y a beaucoup d'oiſeaux qui ſe ſervent de
leur bec pour faire leurs nids , &
pour faire proviſion de vivres ;
mais il n'y a rien ſur quoy la
commodité des mains ne l'em-
porte. C'eſt une eſpece de machine bien merveilleuſe que celles des mains & des bras , pour
pouvoir s'étendre , retirer & remuer de tous côtez. C'eſt avec une
adreſſe admirable que les jointu-
res des doigts ſont faites, pour pouvoir par l'attraction des nerfs ,
prendre , tenir & ſerrer quoyque
ce ſoit. Je ne dis rien même du ſentiment ni de l'exquiſe délicateſſe
qui eſt au bout des doigts , par
leſquels nous reconnoiſſons & di-

ftinguons la plûpart des corps
les uns des autres , même dans
les tenebres & dans l'obfcurité.
Il eft donc évident que l'on a
donné au peuple des Planetes,
ou des mains & des bras , ou quelque autre chofe en cette place ,
qu'on pourroit à peine inventer
d'auffi commode , de peur qu'on
ne juge que la nature a eu non
feulement plus d'indulgence pour
nous que pour eux ; mais encore
qu'elle leur a préferé la race des
Singes & des Ecureüils.

Suppofant ce que nous avons
déja dit des differentes manieres
de marcher , il n'eft plus de difficulté d'attribuer aux Habitans
des Planetes celle des Habitans
de la Terre. En effet, entre ces
differentes manieres de marcher,
il n'en eft point qui convienne fi
bien aux Habitans des Planetes
doüez de raifon , que celle dont
nous nous fervons icy-bas, à moins

qu'ils n'ayent receu par hazard
dans quelqu'un de ces Globes le
pouvoir de voler ; ce qui ne paroît
pas vray-femblable par rapport à
la focieté de la vie, dont nous par-
lerons enfuite.

On peut dire auffi qu'ils ont
encore en partage la faculté
de pouvoir demeurer droits fur
leurs jambes, d'avoir les yeux &
le vifage droits, pour pouvoir confiderer attentivement les Aftres,
puifque par un effet de la divine
Providence les corps des hommes font ainfi compofez. Pour
ce qui eft des autres membres, fi
nous convenons que la fageffe de
l'ouvrier merite des loüanges,
pour avoir placé les yeux dans
l'endroit du corps le plus élevé,
& caché les membres les plus
fales, les plus bas & les plus éloignez de la vûë : Ne doit-on pas
croire que ce divin Ou rier a prefque obfe. vé les mêm es ch ofesen

formant les corps des habitans des autres Mondes ? Nous ne difons pas pour cela qu'il leur ait donné une figure femblable à la nôtre ; car il peut y avoir une diverfité infinie de formes & de figures exiftantes , qui doit nous faire concevoir que tous ces corps , & leurs parties peuvent eftre diffe- rentes des nôtres , par l'écono- mie & la compofition interieure & exterieure.

CHAPITRE XV.

Les habitans des Planetes ont comme nous besoin d'habits ; la necessité & l'utilité des vêtemens. La grandeur & la disposition du corps des habitans des Pla-netes, sont semblables aux nôtres. Principes de cette verité.

NOus voyons combien quelques-uns des animaux de notre terre tirent de commoditez de la laine & du poil, dont ils sont couverts, & quel agré-ment reçoivent les autres de leurs aîles & de leurs plumes. Les habitans raisonnables des Planetes n'auroient-ils pas quelques habillemens semblables? puisque même les bêtes paroissent à bien des gens plus heureuses en cela que les hommes : cependant il y a ap-

parence que la nature n'a produit les hommes nuds, qu'afin
que la neceſſité de ſe couvrir les
obligeât d'exercer leur génie, en
inventant diverſes ſortes de vêtemens. En effet, c'eſt cette neceſſité, qui a donné lieu à pluſieurs
Arts méchaniques, & au commerce. Peut-être même que la nature n'a produit les hommes nuds,
qu'afin qu'ils s'habillaſſent à leur
fantaiſie, & qu'ainſi ils puſſent
habiter telle partie de la terre
qu'ils voudroient. L'on peut cependant concevoir encore une
difference entre les Habitans des
Planetes & les nôtres, puiſqu'il
ſe trouve de certains animaux,
que la nature a couverts d'os pour
vêtemens, & la chair renfermée
au dedans, comme ſont l'Ecre-
viſſe & la Tortuë : cependant
elle n'a obſervé cette diſpoſition
finguliere & cette liaiſon, qu'en
un petit nombre d'animaux,

L iiij

même les plus abjets ; & ce qui m'empêche de l'attribuer aux Habitans des Planetes, c'est qu'ils seroient par-là privez de l'usage des doigts dont on se sert de tant de manieres differentes, & dont le sentiment est si subtil, qu'il est impossible de les priver d'un si grand besoin.

Il faut bien prendre garde de tomber dans l'erreur populaire, qui se figure que c'est une chose impossible, qu'un esprit capable de raison puisse habiter dans un corps qui ne soit pas semblable au nôtre ; c'est ce qui a été cause que presque tous les peuples, & même quelques Philosophes ont attribué aux Dieux une figure humaine : bien davantage, une secte Chrétienne en a pris son nom pour avoir crû la même chose. Mais qui est-ce qui ne voit pas que cela ne part que de la foiblesse des hommes, & de leurs

faux préjugez , comme le fentiment où ils font , que la beauté
du corps humain a quelque chofe
au deſſus de tout le reſte. Cependant tout cela dépend de l'opinion , de l'habitude & de la diſpoſition que la nature prévoyante a mis dans tous les animaux ,
d'être épris fur toutes chofes de
leur femblable. Cecy doit faire
tant d'impreſſion fur l'eſprit , que
je ne crois pas qu'on pût voir fans
quelque eſpece de frayeur , un
animal different d'un homme ,
dans lequel on trouveroit l'uſage
de la raiſon & de la parole. Si on
s'aviſoit de peindre ou de faire
la ſtatuë d'un homme , qui , femblable à nous , eût cependant le
col quatre fois plus long qu'il ne
faut , les yeux ronds , & deux fois
plus éloignez l'un de l'autre que
les nôtres ; on ne pourroit s'empêcher d'en concevoir de l'hor-
reur & de l'averſion , quoi qu'on

ne pût rendre aucune raiſon de cette prétenduë difformité.

J'ay déja dit, en traitant de la grandeur des Habitans qui ſont dans les Planetes, qu'il ne paroît pas vrai-ſemblable, qu'ils ſoient beaucoup plus petits que nous ; ce qui me le fait croire, c'eſt qu'il eſt tres-probable, que comme les corps des hommes ſont ſi bien proportionnez à la grandeur de la Terre, qu'ils la peuvent parcourir aiſément, connoître ſa figure & ſon étenduë : De même il eſt tres-probable, que cela eſt ainſi reglé dans les autres Planetes & dans les animaux raiſonnables qui les habitent, à moins que ſur cet article nous ne voulions encore par orgueil nous préferer à eux, puiſque nous avons fait voir, qu'ils exercent chez eux les ſciences, & qu'on y peut faire des obſervations. Il s'enſuit donc qu'ils ont des corps pro-

pres à manier les bois & les metaux, à préparer les inftrumens &
les machines qui fervent à ces ufages. Si nous nous figurons de petits
hommes de la grandeur des Rats,
affûrément ils ne pourront pas
faire d'obfervations dans les Aftres, telles qu'on les defire, ni
préparer ou ajufter des inftrumens pour ce fujet. Pour moy je
fuis abfolument de ce fentiment,
ou qu'il les faut fuppofer pareils
à nous, ou plus grands, fur tout
dans Jupiter & dans Saturne,
dont les Globes font fi grands en
comparaifon de notre Terre.

CHAPITRE XVI.

Le commerce , la societè , la paix , la guerre , les autres paſſions , & la douceur de la converſation , ſe doivent trouver parmi les habitans des Planetes.

J'AY dit que ſans l'écriture, on ne pouvoit reuſſir dans l'Aſtronomie , puiſqu'il faut mettre par écrit les choſes remarquées. Et comme l'art d'écrire ne s'eſt pû trouver que chez les animaux qui ont l'uſage de la raiſon, étant pouſſez & contraints de l'inventer pour les beſoins de la vie ; Ils ont de même inventé les Forges, & la maniere de fondre les Metaux. Chez les animaux raiſonnables, il faut qu'ils ayent été contraints d'inventer pour leur neceſſité , non ſeulement

toutes ces chofes, mais encore il
faut qu'il y ait de la focieté entre-
eux pour le commerce de la vie,
& qu'ils fe rendent des fervices
reciproques, ce qui les rend tres-
femblables à nous. Il leur convient auffi, d'avoir plûtôt des demeures fixes & arrêtées, que non
pas de mener une vie errante &
vagabonde. Ils ont toutes les autres dépendances de la vie civile,
des Loix, des Magiftrats, des
Maifons, des Villes, des Mar-
chandifes, & l'échange de toutes
leurs denrées. Tout cela étoit en
ufage chez les Peuples barbares
de l'Amerique & des Ifles, quand
on y aborda pour la premiere fois.
Je ne diray pas cependant, que
cela ne fe puiffe faire d'une autre
maniere dans toutes les autres
Planetes, pouvant y en avoir en-
tre-elles quelqu'unes, dans lefquelles les animaux raifonnables
n'ont pas cette focieté, fans pour-

tant faire un mauvais ufage de
leur raifon. Il fe peut faire auffi
que dans ces Globes l'on y vive
dans une telle abondance de toutes chofes, que ceux qui y font,
ne defirent & ne prennent rien
du bien d'autruy. Ils peuvent être
d'une fi grande équité, qu'ils
foient toûjours en paix, fans fe
tendre jamais de piéges les uns
aux autres pour fe furprendre, ni
pour fe caufer la mort, fans fe
haïr, & fans fe mettre en colére.
Si cela eft ainfi, nous les devons
croire beaucoup plus heureux que
nous. Mais il paroît plus vrai-femblable, que parmi eux, comme
parmi nous, les biens & les maux
y font mêlez, la folie avec la fageffe, la guerre avec la paix, &
qu'il faut que la pauvreté, maî-
treffe des Arts, s'y trouve. Nous
avons fait voir cy-deffus, qu'on
reçoit de tout cela des utilitez,
autrement ils auroient trop d'a-

vantages fur nous.

Ce que je vais dire maintenant, paroîtra peut-être temeraire, quoi qu'affez probable. Si les peuples des Planetes vivent en focieté (ce que j'ay déja affez prouvé) outre les commoditez qu'on en retire; ils doivent avoir auffi le même plaifir que nous avons dans les converfations, & les difcours familiers que nous tenons avec nos amis, dans l'amour, dans la raillerie, & dans les fpectacles : cela, dis-je, eft affez probable, parce que fi nous n'accordons rien de toutes ces chofes aux habitans des Planetes, & qu'au contraire nous nous imaginions qu'ils paffent leur vie dans un ferieux continuel, & fans quelque forte de gayeté ou de recreation, qui font le meilleur affaifonnement de la vie, & dont à peine fçauroit-on fe paffer : Nous la leur rendrions infipide, pour ainfi dire, & con-

tre la raison, nous ferions la nôtre plus heureuse que la leur.

Voyons quelles sont leurs autres
occupations & leurs autres exercices, & en quoy probablement
elles ressemblent aux nôtres.

CHAPITRE XVII.

*Les habitans des Planetes se bâ-
tissent des Maisons selon l'art
d'Architecture, ils sçavent la
Marine, & pratiquent la Navigation.*

IL y a une raison qui détermi-
ne à croire, qu'ils se bâtissent
des Maisons, puisqu'il pleut dans
leurs Terres comme icy; ce qui
se voit dans la Planete de Jupiter
par des traînées de nuages qui
sont changeantes, lesquelles traînées renferment sans doute des
vapeurs & de l'eau. Il y a donc
&

& des pluïes & des vents, parce
qu'il faut que l'humeur que le Soleil a attirée, retombe fur la terre ; & les vapeurs étant détachées
par la chaleur, produifent les
vents, dont le fouffle fe connoît
par cette face variable des Nuées
de Jupiter. Pour fe garentir de
cette incommodité, & pour paffer les nuits en feureté & en repos
(car ils ont les nuits & le fommeil
comme nous) il eft vrai-femblable, qu'ils font garnis de chofes
neceffaires pour leur confervation, qu'ils bâtiffent des Caban-
nes, des Maifonnettes, ou qu'ils
creufent des Cavernes, comme
toutes les efpeces d'animaux qui
font fur notre Terre (à la refer-
ve des Poiffons) le font pour
leur défenfe. Mais pourquoi ne
leur donner que des Cabanes
& des Maifonnetes ? Pourquoi
n'éleveront - ils pas de fuper-
bes & magnifiques bâtimens,

M

comme nous ? N'eſt-ce pas une ancienne erreur, de laquelle nous ne voulons pas nous défaire, de croire que tout ce que nous voyons, ce que nous faiſons, & ce que nous poſſedons, eſt plus beau & plus accompli ? Et cependant avec tout notre orgueil, qui ſommes-nous ? Nous habitons cette petite Terre, & y paſſons notre vie ; & cette Terre peut être dix mille fois plus petite que les Globes de Jupiter & de Saturne ; & ſi l'on compare la grandeur de ces Globes avec notre Terre, aſſurément l'on ne ſçauroit apporter aucune raiſon qui prouve, que dans ces Planetes ils ne connoiſſent pas auſſi-bien que nous la delicateſſe de l'Architecture, & la proportion, ni pourquoi ils ne bâtiroient pas des Palais, des Tours, des Piramides beaucoup plus hautes que les nôtres, plus ſomptüeuſes, & où toute la juſteſſe ſe trouve. Comme l'adreſſe que les hommes font paroître dans leur ouvrage eſt preſque infinie, principalement en taillant la pierre, à cuire la Chaux & la Brique, ſe ſervant du fer, du plomb, du verre, & même de l'or pour l'ornement; pourquoi les autres Planetes ſeroient-elles privées de cette induſtrie?

Si la ſurface des Planetes eſt partagée en mer & en terre ferme, comme la ſurface de notre Globe, ainſi qu'il paroît dans Jupiter, & qu'à peine les nuées peuvent ſortir d'une autre ſource, que des grandes traînées de la Mer: Nous devons croire qu'ils voyagent ſur les Mers, puis qu'autrement nous ne ſçaurions, ſans un excés de préſomption, attribuer au ſeul Globe de la Terre l'utilité de la Navigation. Sur les Mers de Jupiter & de Saturne, la Navigation doit être bien avan-

tageuse par le secours de tant de
Lunes, & les habitans de ces deux
Planetes peuvent fort aisément
connoître la mesure des longitu-
des que nous n'avons pas encore
pû trouver. S'ils ont l'usage des Navires, ils ont tout ce qui y appartient, des voiles, des mats, des
ancres, des cordages, des poulies,
des gouvernails, & l'usage de toutes ces choses comme nous, pour
naviger par un vent presque contraire, pour aller en des lieux opposez par le même vent ; peut-
être qu'ils ont aussi-bien que nous
l'invention de la Boussolle, puisque le mouvement de la matiere
de l'Ayman panche toûjours vers
la terre, ce qui est fort convenable aux autres Planetes. Pour la
science des Mechaniques,& celle
de l'Astronomie, elles sont absolument necessaires pour reussir dans
la Navigation ; & par conséquent
la Geometrie, qui nous apprend

ees deux sciences, dont nous a-
vons déja parlé.

CHAPITRE XVIII.

Excellence de la Geometrie, ses re-
gles sûres & invariables : les
habitans des Planetes la posse-
dent.

QUAND nous n'aurions point
d'égard à ces Arts ni aux autres, dans lesquels l'usage de la
Geometrie est si necessaire, qu'ils
ont pû donner occasion à sa découverte : Nous ne manquerions
pas de raisons, au moins vrai-sem-
blables, pour croire que les habitans des Planetes possedent cette
science ; car soit que l'on considere le prix seul, & la dignité de
cette connoissance, dans laquelle
on fait un usage singulier de son
esprit, où l'on trouve par des re-

gles sûres & infaillibles , la verité,
qu'il eſt ſi incertain & ſi difficile
de découvrir dans toutes les autres ſciences , ſoit que l'on faſſe
attention que telle eſt la nature
de la Geometrie , que ſes axiomes
& ſes proportions ſont les mêmes
en quelque temps , en quelque
lieu & en quelque Monde que ce
ſoit ; l'on ne peut douter qu'elle
ne ſoit commune à tous les habitans des Planetes , & que nous
n'en ſommes pas les ſeuls poſſeſ-
ſeurs. La nature elle-même pré-
ſente à nos yeux tous les jours en
pluſieurs manieres des figures de
Geometrie , des Cercles , des
Triangles , des Angles & des
Spheres , & elle nous invite , pour
ainſi dire , à rechercher leurs differentes proprietez , dans la con-
templation deſquelles , quand
même il ne s'y trouveroit aucune
utilité, l'on en reçoit beaucoup de
plaiſir. Qui eſt-ce qui ne trouve

pas d'agrément en apprenant ce qu'Euclide & Apollonius ont écrit des proprietez du cercle, ou ce qu'Archimede a mis au jour touchant la superficie de la Sphere, & la quadrature de la Parabole; ou enfin en lisant ces ingenieuses découvertes des Modernes? Toutes ces veritez sont aussi aisées à découvrir aux habitans de Jupiter ou de Saturne, comme à nous; elles dépendent des mêmes principes qui sont si simples, que l'on ne peut douter qu'il n'y ait quelqu'un dans ces Planetes qui ne les ait trouvez, sur tout si l'on joint à cela l'extrême utilité que l'on en retire dans toutes les occupations de la vie.

Si je disois que dans ces Planetes ils sont si experts dans la Geometrie, qu'ils ont inventé, & des Tables des Sinus, des Logarithmes, & un calcul Analiti-

que. Il fembleroit que j'avance-
rois des chofes incroyables &
prefque ridicules. Cependant rien
n'empêche qu'ils n'ayent pû trouver quelque chofe d'approchant,
ou qu'ils ne les doivent trouver
un jour, & peut-eftre plus
confiderables que celles que nous
poffedons.

CHAPITRE XIX.

Explication curieufe de plufieurs
queftions fur la Mufique, tou-
chant les confonances & les va-
riations qui fe trouvent dans le
chant ; les habitans des Plane-
tes poffedent cette fcience.

CE que nous avons dit eftre
uniforme, éternel & con-
ftant dans la Geometrie, fe trouve auffi dans la Mufique ; car
toutes les confonances confiftent
dans

dans un certain rapport qui eſt
toûjours le même ; & la beauté
de l'agrément du chant , même
d'une voix ſeule , dépend de l'arrangement des conſonances. C'eſt
pourquoy l'on trouve les mêmes
intervales de tons chez toutes les
Nations , ſoit qu'ils conduiſent
leur voix par des degrez de ſons
conjoints , ſoit qu'ils aillent comme par ſaut.

Il y a des Auteurs dignes de
foy , qui diſent qu'il ſe trouve
dans les terres de l'Am erique ,
un certain animal , qui contre-
fait veritablement avec ſa voix
nos ſept tons de Muſique les uns
aprés les autres ; ce qui fait voir
que la nature en a preſcrit elle - même le nombre & la forme. Il eſt donc certain , & il
eſt comme neceſſaire de croire ,
que nous ne ſommes pas les ſeuls
qui recevions du plaiſir de l'harmonie , & que tous les animaux

N

qui ont l'ufage de la raifon & de l'oüie, dans quelque Terre qu'ils foient, doivent joüir du plaifir des fons & des accords. Je ne fçai de quelle force fera cet argument contre les autres que j'ay tirez de la neceffité immuable de tous ces Arts. Quant à moi, il n'eft pas de petite valeur ny méprifable, & il ne me paroift pas qu'il doive ceder à celui dont je me fuis fervi cy-deffus, lorfque j'ay montré que la faculté de voir convenoit aux animaux des Planetes.

S'ils fe plaifent au chant & aux tons harmonieux, il faut qu'ils ayent inventé quelques inftrumens de Mufique, puifque c'eft par hazard qu'on les a découvers, foit par des cordes bandées, ou par le fiflement des rofeaux & des tuyaux, qui ont donné commencement aux luts, aux guitares, aux flû-

res , & aux orgues , par le
moyen du vent ou de l'eau.
De même ils ont pû dans les
Planetes inventer des inſtrumens
qui ne ſont pas moins charmans,
ny moins délicats que les nôtres.
Quoyque nous voyons que les
tons & les intervales du chant
ſoient fixez & déterminez ; cependant il y a des Nations dont
la maniere de chanter eſt bien
differente , comme autrefois chez
les Doriens , les Phrigiens & les
Lydiens ; & de notre temps chez
les François , les Italiens & les
Perſans. Il ſe peut faire de même que les habitans des Planetes
ont une Muſique differente de
celle cy , quoy qu'elle ſoit agreable à leurs oreilles ; & comme
nous n'avons point de raiſon qui
nous oblige de croire qu'elle ſoit
plus groſſiere que la nôtre , nous
n'en avons pas auſſi qui nous empêche de croire qu'ils ne ſe ſer-

vent auſſi-bien que nous des ſons
Chromatiques , & de Diſſonances agreables ; puiſque c'eſt la nature qui fournit ces tons & ces
demi - tons , & qui les marque
préciſement par de juſtes proportions. Et afin qu'ils nous égalent
dans leurs concerts , & qu'ils puiſſent avec art mélanger leur harmonie , il faut qu'ils ſçachent
adroitement ſe ſervir de nos
tritons , de fauſſes quintes , &c.
& qu'ils ſauvent ces diſſonances
à propos. Quoyque cela ne pa-
roiſſe guere vray-ſemblable , il
ſe peut cependant que dans Jupiter , Saturne & Venus , ils
ayent au deſſus du François &
de l'Italien , la theorie & la pra-
tique de cette Science.

Par exemple , ſi l'on demande
à quelques-uns de nos Muſiciens
pourquoy l'on ne doit pas mettre deux quintes ſemblables de
ſuite ? Il y en a qui répondront

que l'on doit éviter la trop grande douceur qui vient de la repe-
tition d'une confonance tres-
agreable. D'autres diront qu'il
faut de la varieté dans l'harmonie ; car ce font les raifons que
les principaux Auteurs de cet art
en apportent, & mêmes Defcar-
tes. Mais un Muficien de Jupiter
ou de Venus en pourra peut-
eftre rendre une raifon plus veritable. Lorfque l'on em-
ploye deux quintes femblables de
fuite, l'on fait la même chofe que
fi l'on paffoit tout d'un coup d'un
mode à un autre ; puifque la quin-
te avec le fon qui la partage en
tierce (& que l'on fupplée, s'il
n'eft pas exprimé) conftituë l'efpece du mode, & que c'eft avec
raifon que l'on trouve ce changement fubite de mode, defagrea-
ble à l'oreille. Et même à parler
en general, le paffage d'un accord compofé de trois fons, à un

N iij

autre accord compofé auffi de
trois fons, paroift toûjours def-
agreable, fi ce n'eft en paffant,
lorfque ces accords n'ont aucun
fon de commun. Ce Muficien
nous pourra peut-eftre encore
rendre raifon, pourquoy dans aucun chant d'une ou de plufieurs
voix, il eft impoffible de conferver la même élevation de voix,
à moins que l'on ne tempere, fans
y faire attention, ces confonances; enforte qu'elles foient un peu
éloignées de leur jufteffe; ce
qu'aucun des nôtres n'a encore
expliqué, ny donné la raifon pourquoy ce temperament eft dans les
cordes le plus parfait de tous, lorfque l'on diminuë les quintes de la
quatriéme partie d'un comma; ce
que l'on peut faire fans une erreur fenfible, en divifant l'octa-
ve en trente-une parties égales;
d'où l'on forme un cercle har-
monique, comme nous l'avons

montré depuis peu. Que si les Muſiciens des Planetes ſe ſont aperçeus de cette proprieté, il faut qu'ils ayent ſçû l'uſage des Logatithmes.

Il n'eſt pas difficile de prouver la neceſſité de temperer les conſonances; & puiſque nous avons commencé à ſortir de nos réveries, j'en donnerai icy la preuve. Je dis donc, que ſi l'on chante de ſuite, les ſons que les Muſiciens marquent par les lettres C. F. D. G. C. ou qu'ils appellent, *ut*, *fa*, *re*, *ſol*, *ut*, en montant & deſcendant alternativement par des conſonances entierement juſtes; le dernier ſon *ut*, ſe trouvera plus bas que le premier par où l'on a commencé d'un comma entier, parce que des rapports de ces intervales parfaits, qui ſont de 4 à 5, de 5 à 6, de 4 à 3, & de 2 à 3, il en vient le rapport compoſé de 160 à 162, ou de 80 à 81., qui eſt celuy d'un comma; de ſorte que ſi l'on repete 9 fois de ſuite ce même chant, il faut neceſſairement que la voix deſ-cende preſque d'un ton majeur, dont le rapport eſt de 8 à 9. Or la delicateſſe de l'oreille ne ſouf-fre pas cela, mais elle ſe ſou-vient du ton par où l'on a com-mencé, & elle y retombe. C'eſt pourquoy l'on eſt obligé de tem-perer inſenſiblement ces interva-les ; en ſorte que l'oreille en eſt moins choquée, & l'on a beſoin preſque par tout de ſe ſervir de ce même temperament, ce que l'on peut démontrer comme nous avons fait.

CHAPITRE XX.

Description de tout ce qui se trou-
ve parmi nous sur terre & sur
mer, touchant les Sciences , les
Arts , les richesses & les usa-
ges de tous les animaux. Toutes
ces choses differentes doivent se
trouver parmi les habitans des
Planetes.

APrés avoir parlé des Arts
& de ce que les habitans
des Planetes ont de commun avec
nous pour les usages & commoditez de la vie , je crois qu'il est
à propos, par l'estime que nous
devons avoir pour eux , de faire
le dénombrement de ce qui se
trouve chez nous.

J'ay fait voir cy-dessus combien d'especes d'animaux & d'ar-

brisseaux differens il y avoit sur
cette Terre , & que dans les Planetes il y en pouvoit avoir autant
de differentes especes.　Il faut
maintenant voir quelle utilité &
quelles commoditez nous retirons des animaux & des plantes , & croire que les habitans
de ces autres Mondes ne retirent pas de moindres avantages,
ny de moindres commoditez de
leurs animaux & de leurs plantes.

Voyons quelles sont nos richesses , quelle en est le nombre &
quelle en est la grandeur. Outre
les fruits que les arbres & les
herbes nous fournissent pour alimens & pour la medecine, c'est
des arbres que l'on prend les ma-
tereaux pour bastir les maisons
& construire les Navires ; du lin
nous en faisons des habits , aprés
avoir inventé la maniere de filer
& de faire la toile ; du cham-

vre ou du geneſt d'Eſpagne, nous
tordons du fil & de la corde ;
du fil nous en faiſons des voiles
& des filets à pêcher ; des cordes, nous en faiſons des cables
de Navire. Nous prenons plaiſir
dans l'odeur que rendent les
fleurs ; & quoy qu'il y en ait
qui choquent l'odorat par leur
mauvaiſe ſenteur, & que l'on
trouve des herbes venimeuſes,
cependant ces herbes & ces fleurs
ont leurs qualitez & leurs vertus
comme la nature l'a voulu, afin
que les biens comparez aux
maux, éclataſſent davantage ;
methode qu'elle ſemble avoir obſervé en beaucoup d'autres choſes. Des animaux, quelle prodigieuſe utilité n'en retire-t-on pas ? Les
brebis fourniſſent la laine pour
le vêtement ; les vaches du lait,
& ces deux animaux fourniſſent
des viandes pour manger. Nous
nous ſervons des aſnes, des cha-

meaux, des chevaux, tant pour
porter nos hardes & nos baga-
ges, que pour voyager, soit en
nous portant ou en nous trainant.
L'excellente invention des rouës
qui se presente icy à mon imagination, fait que je l'attribuë
volontiers aux habitans des Planetes, ayant presque suffisam-
ment prouvé qu'ils vivent en so-
cieté, & qu'ils bâtissent des maisons Mais s'ils se nourrissent de
chair d'animaux comme nous,
ou s'ils suivent l'opinion particuliere de Pitagore, c'est ce que je
ne puis avancer, n'ayant pas des
raisons assez fortes pour l'assurer. Il
paroît que l'homme a receu l'a-
vantage de se nourrir de tout ce
qui naist, ou sur la terre, ou dans
les eaux, supposé que leur sub-
stance renferme en soy quelque chose qui puisse luy servir
d'alimens.

Par exemple, l'homme se nourrit d'herbes, de pommes, de lait, d'œufs, de miel, de poiſſons & de la chair de quantité d'oiſeaux, & de beſtes à quatre pieds ; & il y a dequoy s'étonner avec rai-ſon, que cet animal qui eſt raiſonnable, ne vive que du car-nage & de la deſtruction entiere de beaucoup d'autres. Nous ne devons pas cependant croire que cela ſoit contraire à ce que la na-ture a preſcrit, puis qu'elle a trou-vé bon que les brebis & les bêtes d'une foible reſiſtance telles qu'el-les ſoient, puiſſent ſervir de pâ-ture aux lyons, aux loups & aux autres beſtes carnacieres. : qu'il luy a plû que les aigles prennent les colombes, & les lievres ; que les gros poiſſons mangent les pe-tits. Auſſi ne nous a-t-elle donné des chiens de differentes ſortes pour chaſſer, qu'afin que les beſtes que nous ne pourrions pas attra-per à la courſe, nous les priſſions

par leur vitesse & par le sentiment
qu'ils ont pour suivre le gibier à
la piste. Entre tous ces avantages
que nous tirons des choses vivantes & des herbes, l'Auteur de
la nature a voulu que nous en
receussions aussi le plaisir de considerer attentivement leurs differentes figures, la nature de ces
estres, leurs vertus & leurs proprietez naturelles, & les moyens
qu'elles ont de se multiplier par
la generation. Dans toutes ces
choses, il y a une varieté
infinie, & tant de merveilles à
considerer, que les Naturalistes
les loüent dans tous leurs ouvrages. Dans les insectes mêmes, qui
n'admirera pas les petites cham-
bres hexagones des abeilles, les
toiles d'araignées, les couvertures
des vers à soye, dont nous faisons
avec une adresse incroyable des
habits d'une étoffe si délicate &
si fine, & dans une si grande abon-

dance, qu'on charge des Navires entiers d'étoffe de foye. Je crois que cela doit fuffire pour faire voir l'utilité que l'homme reçoit desplantes & des animaux...

L'adreffe de cet homme n'eft-elle pas admirable pour éventer les mines, les creufer, les fonder, fondre les métaux, les nettoyer les travailler, & les mêlanger ; purifier l'or, & par le vif-argent faire à peu de frais prendre la couleur & l'éclat de cet or, à quelle matiere il luy plaift ? Quelle utilité merveilleufe ne retire-t-il point dufer, & à combien de differens ufages ne s'en fert-il pas? Les Nations qui n'en avoient point eu connoiffance, ont efté, & font encore privées des Arts Mechaniques, qui n'ont pour toutes armes, que l'arc & la fleche, des maffuës & des pieux. Pour nous qui avons l'invention de la poudre, par le mêlange du fouffre,

& du nitre, & dont nous connoiſſons les differens uſages ; ne
doit-on pas douter avec juſtice
ſi l'invention de cette poudre eſt
avantageuſe ou contraire aux hommes ? Il a ſemblé d'abord, par la
force prodigieuſe de la poudre,
& par la fortification dans les regles de l'art, que l'on avoit trouvé des refuges aſſurez contre toutes les attaques, & qu'on étoit
plus en état de défenſe qu'autrefois. Mais nous voyons qu'étant
dévenus ſi induſtrieux à nous défendre, les ennemis ſont deve-
nus plus impetueux dans leurs attaques. La violence des uns s'eſt
augmentée à proportion de la reſiſtance des autres ; & par ce même moyen la poudre ſert également à tous, de ſorte que l'on peut
dire, que l'invention de la poudre
eſt cauſe que la valeur, la grandeur de courage, & la force du
corps ſont bien moins neceſſaires
                              aujourd'hui

aujourd'hui dans les combats ,
qu'elles n'étoient dans les siecles
passez. Ce que l'on raconte d'un
Empereur Grec, qui disoit autrefois que c'estoit fait de la vertu,
qu'elle estoit perduë sans res-
source , puisque l'invention des
Catapultes, & celle des Balistes
estoit découverte ; nous le pouvons dire à present avec bien plus
de raison , & nous pouvons former la même plainte que cet Empereur , & avec plus de justice
que luy , sur tout depuis qu'on a
trouvé les bombes & les carcas-
ses , contre lesquelles les murs
les plus épais des forteresses ne
sçauroient resister , ny se preser-
ver d'un entier bouleversement,
quelque avantageuse situation
qu'elles ayent. De sorte que
quand il n'y auroit que ces seu-
les raisons , il seroit bien plus
avantageux aux hommes d'estre
privez pour jamais du fatal secret

de la poudre. J'ay crû ne devoir
pas paſſer ſous ſilence cette eſpece de découverte dans notre
Terre. Il peut y avoir dans les
autres Planetes quelque machine
auſſi nuiſible à leurs habitans.

L'uſage de l'air & de l'eau nous
eſt plus favorable ; nous nous con-
ſervons utilement dans la navigation : Ils nous donnent des forces avec leſquelles nous faiſons
tourner ſans aucune peine de notre part, des meules & des machines. A combien d'uſa ges ne
les appliquons-nous pas ? Nous
nous en ſervons à moudre le bled,
à faire de l'huile , ſcier du bois ,
fouler des draps & à broyer la
matiere du papier, dont l'invention d'ailleurs eſt tres-bèlle , puiſque de vieux morceaux de linge
l'on en fait des feüilles de papier
d'une extrême blancheur.

Qu'on ajoute à l'invention du
papier l'Art ſi excellent de l'Im-

primerie, par le moyen de laquelle l'on ne conferve pas feulement
tous les autres Arts, mais encore l'on en acquiert de nouveaux,
avec plus de facilité qu'on ne
faifoit auparavant.

L'Art de la Peinture & de la
Sculpture, qui ont eu des commen-
cemens tres-petits, font parve-
nus à une telle perfection, qu'il
ne femble pas que les hommes
ayent rien inventé de plus beau.
Il ne faut pas oublier le fecret de
cuire le verre, & d'en faire toutes
fortes de figures : la maniere de
polir les glaces, & de les couvrir de vif-argent, pour en faire
des miroirs, & fur toutes chofes la maniere de tailler les verres de lunettes, qui, pour ainfi
dire, nous donne le moyen de
découvrir toute la nature, depuis l'invention des Telefcopes
& des Dicrofcopes. Il faut encore rapporter l'invention des hor-

loges ou montres à reſſort, dont
les unes ſe portent dans la po-
che, & les autres meſurent le
temps avec tant de déciſion, que
l'on ne peut rien ſouhaiter de
plus exact. Les découvertes que
j'ay faites en particulier, ont beaucoup contribué à la perfection des
unes & des autres.

Je pourois encore parler des découvertes que les hommes ont faites dans la Geometrie, dans l'A-
ſtronomie, & dans pluſieurs
Sciences, & ſur tout dans la
Phyſique, dont la plûpart ont été
faites de nos jours, comme la
peſanteur de l'air & ſon reſſort,
quelques experiences ſingulieres
de Chimie, entre leſquelles ſont
les liqueurs inflammables, &
celles que l'on a trouvées depuis
peu, qui ſont lumineuſes d'elles-
mêmes, & qui s'enflamment pour
peu qu'elles ſoient agitées ; la circulation du ſang des arteres dans

les veines, que l'on avoit dé-
montré par raisonnement il y a
déja quelque temps, & que l'on
fait voir à present aux yeux, dans
la queuë de certains poissons par
le moyen d'un Microcospe.

Je pourois aussi parler de la
generation des animaux & des
herbes, sur laquelle on a conclu
qu'il n'y en avoit aucuns qui ne
naquissent de la semence de leurs
semblables, & que c'estoit la seule
porte qu'ils avoient pour entrer
dans le monde, puisque l'on trouve dans la semence des mâles,
des millions de petits animaux,
comme des atômes pleins de vie,
& qui selon toutes les apparences,
ne sont autre chose que la race
même & la lignée des animaux :
ce que l'antiquité n'avoit point
encore remarqué.

Cependant aprés avoir rapporté tant de découvertes faites par
les habitans de la Terre, aprés

avoir ramaſſé tout ce qu'ils ont
inventé , il eſt juſte que nous
nous imaginions auſſi qu'il ſe peut
tres-bien faire qu'il y ait chez les
habitans des Planetes quelques-
unes de ces découvertes, qu'il ſe
peut qu'ils en ignorent la plus
grande partie , & que pour repa-
rer la privation de tous ces avantages qu'ils ne poſſedent pas , il
faut qu'on leur en ait accordé
d'autres en auſſi grand nombre,
auſſi beaux , auſſi profitables &
auſſi admirables que les nôtres.
Et quoyque nous ayons fait voir
par des preuves aſſez convaincantes, que dans les Terres des
Planetes , il s'y trouve des per-
ſonnes raiſonnables , des Geome-
tres , des Muſiciens , qu'ils vivent
en ſocieté , qu'ils ſe communi-
quent leurs biens reciproque-
ment , que leurs corps ſont aſſor-
tis de mains & de pieds , qu'ils
ont des maiſons pour ſe garentir

des injures du temps : L'on ne
doit pourtant pas douter, que fi
quelque Mercure, ou fi quelque
puiffant Genie nous conduifoit
en ces lieux-là, ce ne fût pour
nous un fpectacle bien merveilleux, de voir la nouveauté de
leurs figures, & de leurs occupations. Mais quoyque l'on
nous ait fait perdre toute forte
d'efperance de pouvoir faire ce
chemin, il ne faut pas pour cela
fe rebuter de rechercher foigneufement autant que nos forces le
permettent, quelle eft la face
des chofes celeftes qui fe prefentent à la veuë de ceux qui paffent leur vie dans chacune des
Planetes. Je montreray en même-
temps quelle eft l'excellence &
la beauté de ces Globes, tant par
leur grandeur, que par le nombre des Lunes qui les accompagnent. Mais aprés de fi longues & attentives réflexions ,

il est temps de se reposer, & de
finir ce premier Livre.

Fin du premier Livre.

NOUVEAU TRAITÉ

DE LA PLURALITÉ

DES MONDES.

{◇}{◇}{◇}{◇}{◇}{◇}{◇}{◇}{◇}{◇}{◇}{◇}

SECONDE PARTIE.

CHAPITRE PREMIER.

Où l'on examine le Livre de Kircher, intitulé le Voyage Extatique, & toutes les conjectures de ce Philosophe, sur ce qui se trouve sur la surface des Planetes. Inutilité des fictions de Kircher.

COMME je feüilletois il y a quelques années un Livre d'Athanase Kircher, intitulé *le Chemin Extatique*, qui traite de la natu-

P

re des Aftres , & de ce qui fe trouve fur la furface des Plane-tes ; je fus furpris de voir , que ce Livre ne faifoit aucune mention des chofes qui fe prefentoient à mon efprit , comme fi elles euf-fent efté fort vray-femblables , & d'y trouver des preceptes & des conjectures bien differentes des nôtres , toutes vaines & inutiles pour la plûpart , & éloignées de la raifon.

Ce que j'ay encore mieux com-pris lors qu'aprés avoir compo-fé le premier Livre de ce Trai-té , j'ay parcouru une feconde fois ce même Ouvrage de Kir-cher.

Dés-lors mes conjectures me parurent avoir quelque folidité , & que dans la fuite elles pour-roient devenir plus recomman-dables ; & fi aujourd'hui on les compare avec celles de Kircher, pour en pouvoir juger , il fera ai-

fé de connoître l'utilité des raifonnemens philofophiques de cet
homme , qui rejette les fonde-
mens dont nous nous fommes
fervis , & qui font les feuls fur lefquels on peut appuyer quelque
vray-femblance ; c'eft pourquoy
il eft à propos de faire quelques
remarques fur fon Livre.

Ce fçavant homme feignant
d'eftre porté par les efpaces du
Ciel , & autour des Etoiles , fous
la conduite de quelque Genie ,
raconte ce qu'il avoit tiré des
écrits des Aftronomes , & ce qu'il
avoit medité touchant les Terres des Planetes , & dont il fe
flattoit d'avoir l'approbation du
Peuple.

Avant que de fe mettre en
chemin pour un fi long voyage ,
il établit comme des principes
conftans & affurez , qu'il ne faut
pas attribuer aucun mouvement

à la Terre, & que Dieu n'a pas voulu qu'il y eût rien fur les Planetes qui fût doüé de vie ou de fentiment, non pas même les plantes. C'eſt pourquoy méprifant le Syſtême de Copernic, il fait choix de celui de Ticho-Brahé, & le fuit.

Cependant je ne fçay s'il s'eſt apperceu, qu'en prenant les Etoiles fixes pour autant de Soleils, & que donnant des Planetes à chacune de ces Etoiles, il tombe dans un nombre infini de Syſtêmes femblables à celui de Copernic.

Il fait tourner fans raiſon tous ces Aſtres, avec une viteſſe extraordinaire, autour de notre Terre, en 24. heures, fans exception, & fans comprendre les mouvemens qui leur font propres & particuliers, avoüant que la plus grande partie de ces Globes fe perdent à la veuë des hommes.

Il tombe encore dans l'inconve-
nient, de dire que c'est en vain
que tant de Soleils donnent de la
lumiere, & que c'est inutilement
qu'ils font part de leur chaleur à
tant de Globes qui sont semblables à la Terre, & dont les
Elemens sont les mêmes(selon son
sentiment.)

Une autre erreur de Kircher,
est que n'ayant pû trouver aucun
autre usage à quoy faire servir les
Planetes, celles même qui sont
renfermées dans notre Systême,
il a recours aux sentimens des
Astrologues rebattus il y a si long-
tems; & dans cet esprit, il prétend que ces corps d'Astres & des
Planetes, n'ont esté faits que pour
influer; que c'est par leur influen-
ce reglée & moderée, reguliere
& tres-constante, que l'Univers
& toute la machine du Monde
en general se conserve en son entier, & dure toûjours sans se dé-

P iij

monter ; il prétend outre cela que ces mêmes influences agiſ-ſent efficacement ſur les eſprits des hommes.

C'eſt pourquoy, afin d'elever l'Aſtrologie, il raconte de quelle maniere il a vû toutes choſes bel-les & agreables. Dans Venus, une lumiere douce, des eaux qui cou-loient lentement, des odeurs tres-agreables & des criſtaux brillans de toutes parts. Que dans Jupi-ter l'air y eſtoit bon & ſalutaire, les eaux tres-claires, & les terres auſſi brillantes que l'argent,& que c'eſt des influences de ces deux Planetes, que les habitans de no-tre Globe reçoivent tout ce qui leur arrive d'heureux & de ſalu-taire. Et enfin, que les hommes beaux, aimables, prudens, ſa-ges, n'ont ces vertus que d'el-les.

Il dit qu'il a remarqué dans Mercure je ne ſçay quoy de ſe-

rain & de vif, & que c'eſt de ces
influences favorables que les hommes reçoivent en naiſſant l'eſprit
& l'adreſſe. Il ajoûte, que tout ce
qu'il a vû dans Mars eſtoit hor-
rible, dangereux & corrompu,
des flammes noires & des fumées
épaiſſes. Que tout ce qui eſtoit
dans Saturne avoit un air triſte,
ſec, affreux & ſombre, & que
c'eſt par les influences de ces deux
Planetes, que toutes les maladies
& les miſeres ſont répanduës ſur
la terre, & accablent les mortels,
ſi elles ne ſont moderées & affoi-
blies par les influences favorables.

Ce ſont ces choſes & d'autres
ſemblables, qu'il apprend ſous la
conduite de ce Genie celeſte ; il
fait même répondre ſerieuſement
cet eſprit, lors qu'on lui demande ſi le baptême que l'on don-
neroit avec les eaux qui coulent
ſur Venus, à un Juif ou à un Payen

qu'on y auroit tranſporté, ſeroit
bon. C'eſt encore par les mêmes
preceptes qu'il comprend que le
Firmament ou le Ciel des Etoiles
fixes n'eſt pas fait d'une matiere
ſolide, qu'il eſt au contraire fluide,
parſemé de toutes parts d'une infinité d'Etoiles ou de Soleils. Il
veut que ces Etoiles ou ces Soleils
qui ſont dans le Firmament, ne
ſoient pas attachez, (juſqu'icy il
a raiſon) & qu'ils achevent tous
dans l'eſpace d'un jour, comme
j'ay déja dit, des tours & des cir-
cuits ſi prodigieux.

Il ne fait pas réflexion, que ſi
ce mouvement circulaire eſtoit
tel qu'il le prétend, ſa violence
& ſa viteſſe feroient diſſiper & diſ-
paroiſtre ces Etoiles & ces Soleils;
mais pour empêcher que ces Aſtres ne s'envolent & ne diſparoiſ-
ſent par un mouvement ſi précipi-
té, un eſprit ſuperieur (comme je
le croi) & des intelligences motri-

ces font cet office , & empêchent
qu'ils ne fe donnent tant de car-
riere , & qu'ils ne s'écartent dans
leurs cours.

Il donne à chacune de ces Etoiles fixes , & même à chaque Planete , des Anges , qui , pour ainfi
dire , les portent , & qui reglent
leur marche. Quelques Philofophes même , auffi-bien qu'Ariſto-
te , malgré la raifon ont pris pour
fondement de leur opinion cette
fiction vaine & inutile. Mais Copernic par des principes mieux
fondez & vray-femblables , fait
mouvoir la Terre ; & quand il n'y
auroit que cette feule raifon ,
certainement il n'y a , perfonne
qui ne connoiffe que le mouvement de la Terre eſt d'une neceffité abfoluë , à moins que par
un entêtement on ne veüille pas
faire attention à la fimplicité
du Syſtême de ce grand homme.

J'ay crû qu'on auroit pû atten-
dre de meilleures chofes de Kircher , s'il eût ofé déclarer libre-
ment fes fentimens : mais ne l'o-
fant faire , je ne fçay pourquoy il
n'a pas mieux aimé s'empêcher
tout-à-fait de traiter de cette matiere. Laiffons-là cet Auteur fi
celebre ; & puifque fans aucune
crainte , nous avons établi par
nos conjectures , qu'il y a dans
les Planetes des fpectateurs pour
en confiderer les merveilles , allons les trouver maintenant chacun en particulier, comme nous
nous le fommes propofé , & examinons par ordre quelles font
leurs années , quels font leurs
jours, & quelle eft leur Aftronomie.

CHAPITRE II.

La maniere dont les habitans de Mercure voient le Soleil ; leur lumiere, leur chaleur, leur Aſtronomie, & comment les autres Planetes leur paroiſſent. Ils ont des jours & des nuits comme nous.

JE commencerai par la Planete de Mercure la plus proche du Soleil. Nous ſçavons que cette Planete eſt plus prés de ce grand Aſtre environ trois fois que notre Terre ; c'eſt pourquoy il faut que ſes habitans le voient auſſi trois fois plus grand que nous ne le voyons, eû égard au diamettre ; & pour la lumiere & la chaleur, ils les ſentent & les éprouvent neuf fois plus grandes que nous : chaleur ſi grande, que par conſequent elle nous ſeroit

insupportable, & qu'elle allume-
roit & consommeroit nos herbes telles qu'elles croissent chez
nous.

Mais rien n'empêche que les
animaux qui vivent sur cette Planete, quoy qu'ils ressentent une
si grande chaleur, ne joüissent
d'un air aussi temperé & aussi proportionné qu'ils sçauroient desirer, & que les herbes ne soient
d'une nature à pouvoir supporter
la violence de cette chaleur.

Il ne faut pas s'étonner si ceux
qui habitent cette Planete, s'imaginent, que tant de fois éloignez
du Soleil en comparaison d'eux,
nous devons estre tourmentez
d'un froid insupportable, & s'ils
croyent que nous ne joüissons
que d'un petit jour & d'une
clarté tres - mediocre, comme
nous nous le persuadons aisément
des habitans de Saturne.

On pourroit encore douter, à

cause de cette chaleur perpetuelle, qui est la source de l'esprit &
de la vigueur, si ces habitans ont
plus d'esprit que nous, & s'ils nous
surpassent en industrie à cause de
la proximité où ils sont du Soleil ;
mais ce qui doit nous empêcher
de nous rendre à cette raison,
c'est que nous voyons que les Peuples de l'Afrique & du Bresil, qui
habitent par hazard les contrées
les plus chaudes de notre Terre,
n'égalent pas, soit en sagesse ou
en industrie, les habitans des contrées plus temperées, comme on
le connoist parfaitement par ces
Peuples même, qui vivent dans
l'ignorance de toutes les Sciences, & presque de tous les Arts ;
ceux qui habitent le long des
côtes de la mer, n'ayant qu'une
fort petite connoissance de la
Navigation.

Par cette raison, je ne vou-
drois pas attribuer aux habitans

de Jupiter & de Saturne , un efprit plus lourd & plus pefant que
le nôtre , parce qu'ils vivent dans
des païs plus éloignez du Soleil que nous ; quoyque les
Globes de ces deux Planetes
foient fi confiderables par leurs
grandeurs & par leurs Satellites.

Pour fçavoir maintenant quelle eft l'Aftronomie chez les habitans de Mercure , & quelle eft
leur maniere de regarder les autres Planetes oppofées dans de
certains temps au Soleil , il eft
fort aifé de le comprendre par la
figure du Syftême que nous avons
expliqué dans le premier Livre
de ce Traité. Dans les temps aufquels arrivent ces oppofitions ou
interpofitions , il faut neceffairement que Venus & la Terre brillent à leurs yeux d'un éclat furprenant.

Venus nous paroiffant icy fi lu-
mineufe , lors qu'elle reprefente

la figure de la Lune naiſſante, qui eſt alors fort peu de choſe, & qui devroit eſtre d'un tres-petit éclat ; il faut qu'on l'apperçoive du Globe de Mercure ſix fois plus éclatante, & même davantage quand elle eſt oppoſée au Soleil, & qu'on la regarde dans ſon plein & à découvert, eſtant auſſi moins éloignée de Mercure que de nous ; pour lors elle ne contribuë pas peu à diſſiper les tenebres de la nuit chez ces Nations, qui n'ont pas comme nous le ſecours d'une Lune.

Pour ſçavoir enfin, quelle eſt chez eux la longueur des jours, & s'ils éprouvent comme nous les differentes ſaiſons de l'année, c'eſt ce qu'on ne ſçait pas bien, & dont on n'a pas grande connoiſſance juſqu'à preſent : cela vient de ce que l'on ignore ſi l'axe de cette Planete eſt oblique, & en combien de tems ſe fait ſon mouvement circulaire autour du Soleil. L'on ne doit pas cependant douter qu'ils n'ayent des jours & des nuits , puifque cette viciffitude de jours & de nuits fe remarque certainement fur la Terre , dans Mars , dans Jupiter & dans Saturne. Pour la longueur de l'année , à peine égale-t-elle la quatriéme partie de la nôtre.

CHAPITRE III.

Comment les habitans du Globe de Venus voyent le Soleil & les Aftres , la chaleur & la lumiere qu'ils en reçoivent. Reflexion fur la beauté de ce Globe.

IL faut neceffairement que les habitans du Globe de Venus joüiffent des mêmes fpectacles que ceux de Mercure , & qu'ils voyent les mêmes chofes dans le Ciel

Ciel, excepté Mercure qu'ils ne
voyent jamais opposé au Soleil,
ne s'en éloignant jamais que d'environ 38. degrez. Pour le Soleil,
il se montre à eux beaucoup plus
grand qu'à nous, son diametre
leur paroissant une fois & demi
aussi grand, & sa superficie plus
de deux fois.

C'est par cette raison qu'il faut
qu'il leur fournisse deux fois plus
de chaleur & deux fois plus de
lumiere qu'aux habitans de la
Terre. C'est pourquoy la Planete de Venus est celle qui approche le plus de la temperature de
l'air de la nôtre. L'année y est presque de sept & demi de nos moïs.
Pendant la nuit notre Terre dans
les lieux opposez au Soleil doit
se montrer beaucoup plus lumineuse à Venus, que jamais Venus
ne nous le paroist : pour lors ils
voyent aisément la Lune qui nous
accompagne sans cesse, supposé

Q

qu'ils ayent d'auſſi beaux yeux
que les nôtres. Je me ſuis ſouvent étonné, lors qu'avec des lunettes de longue-veuë, dont les
tuyaux eſtoient longs de 45 ou
60 pieds, je regardois Venus dans
ſon croiſſant ſemblable à la Lune demi pleine, qu'elle m'ait toûjours paru remplie d'un éclat égal,
en ſorte que je n'oſerois dire que j'y
aye jamais remarqué aucune ta-
che comme on en remarque vi-
ſiblement dans Jupiter & dans
Mars, quoyque ces Planetes de
Jupiter & de Mars ſe preſentent
à nos yeux beaucoup plus petites
en apparence que Venus. Car
ſi ſur le Globe de Venus il y a
des Mers & des Terres, les eſpaces de la Mer devroient paroiſtre plus tenebreux ou moins
éclairez, & au contraire les eſpaces que les Terres occupent,
nous devroient paroiſtre plus
clairs; comme quand on regar-

de la Mer du haut des rochers
fort élevez , elle ne paroît pas ſi
lumineuſe que les Terres qui la
bordent. Je croyois que le trop
grand éclat de Venus eſtoit cauſe qu'on ne pouvoit remarquer
cette difference de lumiere. Cependant m'eſtant aviſé de ternir
à la fumée le verre de ma lunette le plus proche de l'œil , pour
oſter une partie des rayons , cela
n'empêcha pas que la lumiere ne
me parût égale dans toute la ſurface de cette Planete.

Il eſt donc queſtion de ſçavoir
ſi cela vient de ce qu'il n'y a point
de Mers , ou ſi les eaux renvoient
la lumiere du Soleil plus qu'elles
ne font chez nous , ou ſi les Terres la renvoient moins , ou plûtôt (ce qui me paroît croyable) ſi
c'eſt que la region des vapeurs plus
épaiſſes en cet endroit que dans
Jupiter ou dans Mars, étant éclairée du Soleil, & environnant le Glo-

Q ij

be de Venus, nous renvoyent presque toute cette lumiere que nous
voyons, & nous laisse à peine appercevoir la difference des Mers
& des Terres dont elle est composée.

Car il est certain que notre
Atmosphere même, s'il estoit
possible que nous la vissions loin
de la Terre, empêcheroit beaucoup par sa lumiere, que la clarté
de la Terre & de la Mer ne pût
paroistre si differente qu'elle paroist, quand on les regarde du haut
d'un écueil fort élevé.

C'est par cette raison, que les
mêmes vapeurs ne laissent pas appercevoir si à découvert pendant
le jour, les taches de la Lune, que
pendant la nuit ; parce qu'alors
cette region des vapeurs estant
aussi interposée entr'elle & nos
yeux, & estant éclairée de la lumiere du Soleil, empêche l'effet
de la veuë. Il n'en est pas de même pendant la nuit.

CHAPITRE IV.

Les habitans du Globe de Mars
sont sujets à l'Hyver & à l'Eté.
De quelle maniere ils voyent les
autres Planetes. La matiere du
Globe de Mars. Sa figure, sa
lumiere, sa chaleur.

ON remarque dans Mars,
comme j'ai déja dit, des macules plus obscures que le reste des
parties du disque, par les retours
desquelles l'on a observé il y a long-
temps, que les jours & les nuits y
revenoient presque dans les mêmes intervales, & dans les mêmes espaces de temps que chez
nous. Pour ce qui est de l'Hyver & de l'Eté, les habitans de
cette Planete n'y doivent sentir
que peu de difference, parce que
l'axe de son tour journalier ne

baiſſe que fort peu vers la rondeur
de la Planete, comme le mouvement des macules l'a fait connoiſtre. Notre Terre doit paroître à ceux qui la regardent de
Mars, preſque de la même maniere que Venus nous paroiſt,
& leur montrer des figures ſemblables à celle de la Lune, ſi on
la regarde avec des lunettes, & ne
s'éloigner pas du Soleil plus de
48 degrez. Dans ſon Diſque l'on
peut auſſi la voir quelquefois comme les petits corps de Venus &
de Mercure.

Pour Mercure, il ne leur doit
jamais paroiſtre autrement, &
pour Venus elle leur doit paroître rarement, comme Mercure
nous paroiſt. Il paroiſt aſſez vray-
ſemblable, que le fond de la terre du Globe de Mars, eſt fait &
compoſé d'une matiere plus noi-
re que dans Jupiter ou dans notre Lune. C'eſt pour cela qu'on

le voit plus rouge, & qu'il ne ren-
voye pas sa lumiere à proportion
de son éloignement du Soleil ;
son Globe est plus petit que celui de Venus, quoy qu'il soit plus
éloigné du Soleil, comme nous
l'avons déja remarqué cy-devant.
N'ayant point de Lune qui l'accompagne, il paroist estre infé-
rieur à notre Terre, aussi-bien
que Venus & Mercure. Pour la
lumiere du Soleil & sa chaleur,
elle se doit faire sentir aux habitans de Mars, deux fois & peut-
estre trois fois moindre qu'à nous,
sans-pourtant qu'ils en reçoivent
aucune incommodité, comme
nous le devons croire.

CHAPITRE V.

Description des Globes de Saturne & de Jupiter, les Satellites qui les accompagnent. Quels sont les Auteurs qui ont découvert ces Satellites.

SI l'on dit que notre Globe terreſtre, à cauſe de la Lune qui l'accompagne , ſurpaſſe les Planetes que j'ay parcouru juſqu'icy, & qu'il tient au deſſus d'elles le premier rang : quelle préference à plus forte raiſon ne faudra-t-il point donner à Jupiter & à Saturne , non ſeulement ſur Mercure , Venus & Mars , mais encore ſur la Terre même? puiſque ſoit que nous conſiderions la grandeur énorme de leurs Globes en comparaiſon des autres , ſoit que nous conſiderions la multitude

titude des Lunes dont ils font en-
tourez. ; nous ne pouvons nous
défendre de croire, qu'il eft tout-
à-fait vray-femblable , que ces
deux Terres de Jupiter & de Saturne doivent paffer pour les plus
confiderables des Planetes qui
tournent autour du Soleil. Ainfi
les quatre autres ne méritent pas
de leur eftre comparées.

Pour mieux concevoir quelle
prodigieufe difference il y a de
ces premieres Planetes aux autres, j'ay jugé à propos de mettre
icy dans leurs proportions veri- *Figure*
tables ou fort approchantes des 3.
veritables, tant notre Terre avec
l'orbite de la Lune & le petit Globe même de la Lune , que Jupiter
& Saturne avec leur cortege ho-
norable de quatre Lunes pour le
premier, & de cinq pour l'autre ,
toutes placées dans leurs orbites.

Tout le monde fçait que l'on
doit à Galilée la découverte des

R

Lunes qui accompagnent Jupiter, & l'excez de sa joye ne peut s'exprimer quand il les observa pour la premiere fois. Une de celles de Saturne, qui paroist plus claire que les autres, a esté découverte par nous en l'année 1655. avec notre Telescope qui n'avoit pas plus de douze pieds de long. Les autres ont esté découvertes par les observations tres-exactes de Dominique Cassini, se servant pour cet effet de lunettes de longue-veuë, dont le verre estoit fabriqué par Joseph Campan, lesquelles d'abord n'estoient que de 36 pieds; & en suite on les fit de 136 pieds.

Monsieur de Cassini nous fit voir la troisiéme & la cinquiéme en l'année 1672. ce qui est arrivé souvent depuis ce temps-là. Il nous écrivit en l'année 1684. qu'il avoit trouvé la premiere & la seconde; mais il est tres-mal aisé

de les voir, & je n'ose assurer que
je les aye veuës jusqu'à present,
non pas que je craigne d'ajoûter
foy à un homme si celebre, & que
je fasse aucune difficulté de les
mettre au nombre des compa-
gnes de Saturne.

Je crois au contraire, qu'on peut
raisonnablement conjecturer qu'-
outre ces cinq, il peut y en avoir
une ou plusieurs qui sont cachées
à nos yeux ; car y ayant entre
les deux dernieres un plus grand
espace que ne demande la proportion des distances des autres,
il se pourroit bien faire qu'un
sixiéme Satellite occuperoit cet
espace vuide, ou même qu'au
de-là du cinquiéme il y en ait
d'autres qui circulent autour,
qu'on n'a pû voir encore à cause
de leur obscurité ; puis qu'on ne
voit ce cinquiéme Satellite, que
lors qu'il regarde l'Occident, &
qu'il ne se fait jamais voir dans sa

R ij

totalité, dont nous rendrons raiſon aprés cecy, qu'on n'aura pas peine à comprendre.

Peut-eſtre que lorſque Saturne retournera au Nord-Eſt, & qu'il ſera élevé au deſſus de notre horiſon (car dans le tems que j'écris cecy, il eſt au plus bas) on obſervera quelque choſe de nouveau, s'il ſe trouve alors quelqu'un, qui pour contempler ces Aſtres ajuſte ces verres de lunettes à des Teleſcopes qui ayent 170 & 210 pieds de long. Je ne crois pasqu'il s'en ſoit vû juſqu'à preſent de plus grands, façonnez d'une maniere plus accomplie, & qui ſoient mieux dans leur perfection.

Il eſt toûjours ſeur qu'il n'y a aucun défaut, aprés les experiences que nous avons faites les ſoirs en nous promenant ſur les rempars de notre Ville, ayant vû de fort loin des lettres contre leſ-

quelles il y avoit de la lumiere ; ce
qui m'eſt encore un agréable ſou-
venir, auſſi-bien que le plaiſir que
je prenois de travailler avec ſoin
à ces ſortes de verres, à les polir
& à les perfectionner par de nouveaux ſecrets, cherchant toûjours à faire de nouveaux progrez dans nos découvertes. Mais
je reviens aux figures cy-devant
tracées, dont il reſte quelque choſe à dire.

Dans ces figures j'y ay fait le
diametre du Globe de Jupiter,
environ des deux tiers de la diſtance qui eſt entre nous & notre
Lune, puiſque le diametre de
Jupiter contient plus de vingt
fois le diametre de la Terre,
& que la Lune eſt éloignée de la
Terre, de 30 de ſes diametres.
Quant à la difference qu'il y a
de l'orbite du dernier Satellite
de Jupiter, à l'orbite de notre Lune, je l'ay miſe comme de 8 $\frac{1}{2}$

à 1 , parce qu'en effet l'on trouve qu'il y a cette proportion entr'elles.

Pour les Satellites qui sont comme autant de Lunes, il n'y a pas d'apparence qu'ils soient plus petits que notre Terre, comme on le peut prouver par leurs ombres qu'on a souvent observées dans le Disque de Jupiter. Les durées de leurs periodes sous l'Ecliptique , font differentes , selon Monsieur Cassini , à commencer par le plus proche Satellite de Jupiter. Son temps periodique est du 1. jour, 18 heures, 28 minutes, 36 secondes. Le temps du periode du second est de 3 jours, 13 heures, 13 minutes , 52 secondes. Celuy du troisiéme est de 7 jours , 3 heures , 59 minutes , 40 secondes. Celuy du quatriéme est de 16 jours , 18 heures , 5 minutes , 6 secondes.

Quant à leur distance du centre de Jupiter, celle du premier

Satellite est de 2 $\frac{5}{6}$ diametres de Jupiter. Celle du second 4 $\frac{1}{2}$; du troisiéme 7 $\frac{1}{6}$; du quatriéme 12 $\frac{2}{3}$ Dans les Satelites de Saturne le tems periodique du premier est d'un jour 21 heu. 18 min. 31 secondes. Celuy du second de deux jours, 17 heures, 41 minutes, 27 secondes ; du troisiéme, quatre jours, 13 heures, 47 minutes, 16 secondes ; du quatriéme, quinze jours, 22 heures, 41 minutes, 11 secondes ; du cinquiéme, 79 jours, 7 heures, 53 minutes, 57 secondes.

Leurs distances du centre de Saturne, qu'on a mesurées par le diametre de l'anneau qui est autour de cette Planete, sont les suivantes. Celle du Satellite le plus proche $\frac{19}{40}$. du second 1. $\frac{1}{4}$. du troisiéme 1. $\frac{3}{4}$. du quatriéme 4, laquelle, selon moy, estoit 3. $\frac{1}{2}$. du cinquiéme 12. Toutes les

quelles diftances & mefures ont
efté trouvées avec de grandes
peines & bien des veilles.

Qui eft-ce maintenant, qui jet-
tant les yeux fur ces figures où font
marquées la Terre & les Planetes de Jupiter & de Saturne, avec
leurs Lunes dans leur jufte rapport, & les comparant enfemble,
n'eft pas faifi d'étonnement, de
voir quelle eft la grandeur de
ces deux Planetes, & quelle eft
leur fuite, en comparaifon de celle de notre petite Terre, qui pour
tout équipage n'a qu'une Lune ?

Qui eft-ce qui peut s'imaginer
maintenant, que c'eft dans cette
feule Terre que l'on voit un Soleil qui tourne autour ? que l'on
y trouve tous les ornemens, tous
les animaux & toutes les créatu-
res raifonnables, pour admirer
les ouvrages celeftes; & qu'au contraire dans ces autres Planetes, le
fouverain Créateur du monde n'y

ait rien mis , & qu'il n'ait créé
de si vastes Corps , qu'afin que
nous autres petits hommes joüis-
sions de leur lumiere , & que
nous confideraffions leur fituation & leur mouvement.

J'avoüe qu'il est tres - difficile
de perfuader à un homme qui
est accoûtumé fur la terre , qu'il
puiffe y avoir rien dans le monde de plus grand & de plus confiderable qu'elle ; & que tout cela
paroist comme fabuleux. Cependant les principes de ces proportions , & les figures que nous avons
tirées des écrits des plus grands
Aftronomes de ce fiecle , fe font
rapportez entr'eux.

Car fi la Terre est éloignée du
Soleil de dix ou d'onze mille de
fes diametres , comme le con-
cluënt Caffini en France,& Flam-
ftedius en Angleterre, par de tres-
fubtiles obfervations des Paralla-
xes dans Mars , & nous qui par

jours ferains. Et aprés avoir ôté le
des conjectures vray-femblables
avons trouvé douze mille diametres ; par confequent les grandeurs des orbes celeftes feront
à peu prés entr'elles, telles que
nous les décrivons icy.

Quand on regarde le Soleil de
Jupiter , le diametre paroift cinq
fois plus petit que de chez nous ;
de forte que l'on ne peut y fen-
tir que la vingt-cinquiéme partie
de fa lumiere & de fa chaleur. Il
ne faut pas cependant s'imaginer
que cette lumiere foit fi foible ; &
pour fe defabufer de cette erreur,
on peut voir de quel éclat Jupiter
nous paroît la nuit.

Outre que je me fouviens d'a-
voir remarqué dans une Eclipfe
de Soleil, dans laquelle il ne ref-
toit pas la vingtiéme partie de
fon Difque qui ne fût couverte
de celuy de la Lune, que l'on s'ap-
percevoit à peine qu'il fift plus
obfcur qu'à l'ordinaire.

Si l'on veut chercher par quelque experience, quelle est cette
lumiere du Soleil dans Jupiter,
il faut prendre un tuyau d'une
bonne longueur, le boûcher d'un
côté, ayant mis dedans une petite lame, au milieu de laquelle il
y ait un trou rond d'une largeur
proportionnée à la longueur du
tuyau, c'est-à-dire, qu'il y ait
presque la même proportion de
la largeur du trou du milieu de
cette petite lame à la longueur du
tuyau, que celle qu'il y a de 1. à 570.
Aprés cela qu'on tourne le tuyau
du côté du Soleil, & qu'on reçoive
de l'autre sur une feüille de papier
blanc, ses rayons qui seront entrez
par le trou, faisant en sorte que la
lumiere n'y puisse point entrer
d'aucun autre endroit ; ces rayons
representeront dans un cercle l'i-
mage du Soleil, dont la clarté sera la même que celle que les habitans de Jupiter reçoivent dans les

papier , si l'on met l'œil dans le
même endroit , l'on y verra le
Soleil de la même grandeur &
du même éclat qu'il paroistroit à
un homme qui demeureroit dans
cette Planete.

Si dans ce même tuyau le trou
a son diametre deux fois plus
étroit , il viendra sur le papier ou
dans l'œil une lumiere pareille à
celle que les habitans de Saturne
reçoivent , laquelle n'estant que
la centiéme partie de celle que
nous recevons du Soleil , ne laisse
pas de nous faire voir Saturne pendant la nuit assez lumineux.

Dans ces deux Planetes, s'il y
a quelquefois des jours sombres
& nebuleux , il faut alors , que
la lumiere qu'elles reçoivent , soit
obscure , s'il en faut juger par nos
yeux ; ce qu'il y a de constant ,
c'est que les habitans de Saturne
ne peuvent se plaindre du peu de
lumiere qu'ils reçoivent. De mê-

me que les hiboux & les chau-
vefouris, aufquels il eft plus avantageux & plus agréable de joüir
de la lumiere du Crepufcule, ou
de celle qui refte pendant la nuit,
que de celle qui éclaire pendant
le jour l'Air & la Terre.

Quoyque Jupiter foit fi grand
en comparaifon de notre Terre;
cependant il eft tres-furprenant
que les jours & les nuits n'y foient
que de cinq heures. Il eft bien
vray qu'il n'y a point de proportion dans la grandeur de ces Globes, & dans leur éloignement du
Soleil, puifque les jours de Mars
font prefque égaux aux nôtres.

Pour le temps que ces Globes
employent à décrire leur cercle
autour du Soleil ou dans la longueur des années, la nature y a
gardé une certaine proportion des
diftances dont les Planetes font
éloignées de cet Aftre. Car comme les diftances des Planetes d'a-

vec le Soleil, ont, pour ainſi dire, leurs cubes, elles ont de même leurs quarrez des temps periodiques, ainſi que Kepler l'a remarqué le premier; & l'on a découvert que cela eſtoit de la même maniere dans les Satellites de Jupiter & de Saturne.

C'eſt pourquoy dans Jupiter les temps de l'année non ſeulement ſont differens des nôtres, mais auſſi les jours, parce qu'ils ſont toûjours de la même longueur; ce qui fait joüir les habitans d'un équinoxe perpetuel; Jupiter ayant preſque l'axe de ſon mouvement journalier droit, par rapport au chemin qu'il fait autour du Soleil, & ne l'ayant pas oblique comme la Terre.

Cela paroiſt aſſez par les obſervations qui en ont eſté faites; ce qui eſt cauſe que les contrées qui approchent le plus des Pôles, doivent eſtre plus froides à cauſe

de l'obliquité des rayons du Soleil. Auffi n'ont-ils pas de longues
nuits à fouffrir, comme ceux qui
habitent proche les Pôles de notre Terre ; mais ils ont des jours &
des nuits de cinq heures en tout
lieu & en tout temps. Si nous
croyons notre condition meilleu-
re que la leur par nos longs jours,
c'eft parce que nous y fommes ac-
coûtumez.

De deffus Jupiter l'on ne voit
que Saturne, les autres Planetes
eftant trop prés du Soleil, Mars
même ne paroiffant pas s'en écarter de plus de 18 degrez. Les habitans y reçoivent beaucoup de
plaifirs & beaucoup de commoditez, par les quatre Lunes qui
l'environnent, & paffent rarement des nuits fans Lune. S'ils
ont l'Art de la Navigation, ils
en peuvent bien regler le cours
par le fecours de toutes cesLunes,
& doivent prendre grand plaifir

à voir tant de differentes conjonctions, & tant d'Eclipses.

Il faut necessairement que les
habitans de Saturne joüissent
non seulement des mêmes commoditez & des mêmes spectacles,
mais aussi qu'ils ayent le plaisir
d'en voir de plus beaux, tant à
cause des cinq Lunes qu'ils ont,
que par l'aspect admirable de l'anneau qu'ils voyent jour & nuit.

Nous devons aussi parler de leur
Astronomie, comme nous avons
fait de celle des autres Planetes.
Premierement nous remarquerons que les Etoiles fixes sont vûës
de cette Planete, de la même
grandeur, sous les mêmes figures,
& avec la même lumiere que nous
les voyons de la Terre, à cause
de leur prodigieuse distance, qui
est telle, que le chemin qu'un boulet de canon feroit en 25 ans, est
peu de chose en comparaison.
Nous pouvions dire la même chose

se en parlant des autres Planetes, mais celle-cy étant beaucoup
plus éloignée de nous, la chose est plus admirable à son égard.

Comme chez les habitans de
Jupiter l'on n'y voit qu'une des
plus confiderables Planetes, qui
est Saturne ; aussi chez les habitans de Saturne l'on n'y voit que
le seul Jupiter , qui leur est ce que
nous est Venus , & qui ne s'éloi-
gne du Soleil que d'environ 3⅙
degrez. L'on ne peut sçavoir certainement quelle est la longueur
de leurs jours , par la distance &
le periode de son premier Satellite , & par la comparaison que l'on
en fait avec la distance & le periode du premier Satellite de Jupiter ; ce qui fait croire que les
jours sont presque égaux à ceux
de Jupiter , c'est-à-dire de dix
heures.

Ces jours dans Jupiter sont également partagez en lumiere & en

S

tenebres. Dans Saturne, les habitans souffrent dans leurs jours une
grande inégalité, & une plus grande difference d'Hiver & d'Eté que
nous, à cause de la pente de l'axe
du Globe qui est de 31 degrez ;
au lieu que notre Terre n'a que
23 degrez & demi d'obliquité d'a-
xe. Cette pente d'axe dans Saturne fait que les Lunes s'écartent
beaucoup de la route du Soleil ;
c'est pourquoy ils ne voyent
jamais leurs Lunes dans leur
plein, si ce n'est dans le temps
des Equinoxes qui y arrivent deux
fois dans trente de nos années.

Cette situation d'axe fait paroître aux yeux des habitans de cette Planete, divers Phenomenes
surprenans. Pour les pouvoir comprendre je tracerai encore une
fois la figure de Saturne toute entiere avec son anneau, dans laquelle, comme nous l'avons déja remarqué lorsque nous tirions des

tenebres pour la premiere fois
cette admirable route, il y aura
la même proportion entre les
diametres de l'anneau & du Globe de Saturne, que celle qu'il y a
de 9 à 4; & l'espace vuide qui
est entre l'anneau, & le Globe,
aura la même largeur que l'anneau; mais pour son épaisseur, les
observations que l'on a faites, font
connoistre qu'elle est petite, eu
égard à son diametre, quand
même on croiroit qu'elle comprend six cens mille pas Germa-
niques.

Supposons donc icy le Globe de
Saturne, dont les Poles font A, B,
le diametre de l'anneau G, N, à le
regarder de biais, ensorte que sa
circonference represente une é-
clipse plus étroite, les parties de
sa surface autour des deux Poles,
seront bornées par les arcs, C, A,
D, E, B, F, de 54 parties, dont les
habitans (à moins que par hazard

Figure 4.

S ij

le froid ne les rende inhabitables)
ne pourront jamais voir l'anneau.

De dessus tout le reste de la surface, ils le voyent quatorze années de suite, & neuf mois, qui
est la moitié d'une année pour
eux ; l'autre moitié de l'année il
est caché à leurs yeux. C'est pourquoy ceux qui habitent dans la
plus grande Zone entre le cercle
Polaire C, D, & T, V, situé au
dessous de l'Equateur & de l'anneau, tandis que le Soleil éclaire
la surface de l'anneau qui est tournée vers eux-mêmes, ils voyent la
moitié de la nuit la portion de l'anneau marquée K, G, L, sous la
figure d'un arc lumineux qui se
leve des deux côtez de l'Horison ; mais cet arc est coupé dans
le milieu par l'ombre du Globe
de Saturne, qui couvre presque
toûjours la partie G, H, jusqu'à
l'extremité du bord ; & quand la
moitié de la nuit est passée, la

même ombre change de place,
& va du côté droit, quand ceux
qui la regardent, sont sur l'Hemisphere qui est du côté de
Nord-Est ; au contraire elle re-
tourne du côté gauche, par rapport à ceux qui la regardent dans
l'Hemisphere qui est à l'opposite,
& elle s'évanoüit le matin ; la figure de l'arc ne laissant pas de sub-
sister d'une maniere qu'ils le puissent voir pendant tout le jour, mais
rendant moins de lumiere que
ne fait notre Lune, quand nous la
regardons pendant le jour.

Ils ont leur Atmosphere, ou un
air qui tire son éclat du Soleil,
comme nous avons fait voir cy-
dessus que cela estoit probable ;
& s'ils n'avoient rien de tel, ils
ne pourroient pas s'appercevoir
que leur anneau, leurs Lunes &
les Etoiles fixes ne brillent pas
pendant le jour comme pendant
la nuit.

Ce spectacle de l'anneau, qui se presente aux yeux des habitans de Saturne, est d'autant plus beau, qu'à la faveur de quelques taches ou d'une splendeur inégale, on connoît qu'il se recourbe en lui-même, & qu'il fait plusieurs replis, étant si prés, qu'il est impossible qu'on ne le remarque.

Ainsi, puisque même de notre Terre on apperçoit une clarté inégale sur la surface de cet anneau, plus petite sur la bordure exterieure, que sur l'interieure, & en même temps que l'ombre du Globe s'avance sur la partie de l'anneau G, H, il arrive aussi que l'ombre de l'anneau obscurcit la partie du Globe qui est autour de P, F, qui sans cela joüiroit de la lumiere du Soleil; en sorte qu'il y a toûjours une certaine Zone P, Y, E, F, tantôt plus large, tantôt plus étroite, où les habitans sont privez pendant un long espace de temps, de la veuë du Soleil, & en même temps de celle de l'anneau, qui leur oste pour lors la veuë de quelques Etoiles.

Ce qui sans doute doit paroître aussi surprenant qu'un miracle, à ceux qui tombent dans une profonde nuit par l'interception du Soleil, & qui ne voyent pas ce qui la peut causer, ne joüissant dans ce temps que de la lumiere de leurs Lunes.

L'autre moitié de l'année, lorsque le Soleil éclaire sur la surface de l'anneau qui est à l'opposite ; l'Hemisphere T, B, V, joüit de la lumiere de la même maniere qu'en joüissoit T, A, V, & celuycy à son tour souffre pour lors ces longues Eclipses. Il n'y a Equinoxe, que lorsque le plan de l'anneau prolongé rencontre le Soleil ; alors il est si privé de lumiere

que les habitans de Saturne ont
peine à le distinguer, puisque dans
ce temps-là nous ne saurions l'ob-
server avec nos lunettes. Saturne veu du Soleil, paroist estre
alors dans le vingt-uniéme degré
trente minutes de la Vierge ou
des Poissons, comme je l'ay expliqué autrefois.

J'ay mis dans cette figure proche Saturne, les Globes de notre Terre & de la Lune, avec la
veritable proportion de leur grandeur, pour faire connoître combien notre habitation est petite en
comparaison du Globe de Saturne & de son anneau. La nuit de
Saturne est donc embellie des
deux arcs opposez de l'anneau
lumineux, & des cinq Lunes,
comme je viens de le prouver.
Voilà en partie ce que je puis
dire des Planetes du premier ordre.

Il reste maintenant à faire toutes

tes les découvertes que nous pour-
rons touchant les Lunes qui accompagnent Saturne & Jupiter ,
& principalement touchant la nôtre , tant en ce qui regarde les
Phœnomenes Aftronomiques, que
pour découvrir quel eft l'ornement dont leur furface eft embellie,& quelles en font les vray-fem-
blances.

Chapitre VI.

Où l'on juge des Lunes qui font au-
tour de Jupiter & de Saturne, par
rapport à celle que nous voyons de
deſſus la Terre. Leur proprieté ,
leur jour , leur chaleur , l' Aftro-
nomie de leurs habitans , & leur
maniere de voir les autres Plane-
tes.

IL femble que la Lune eftant
ſi proche de nous , que nous y
pouvons diftinguer plufieurs cho-

T

fes en la regardant avec des lunettes, l'on pourroit déterminer fur
fa nature en general, des chofes
plus probables, que fur celle des
autres Planetes, qui font infiniment plus éloignées de nous. Cependant il arrive tout le contraire.
Je ne fçai que dire des ornemens
de la Lune, parce que nous n'avons
jamais vû aucune de ces Planetes
du fecond ordre, au lieu que nous
avons vû celles du premier. Car il
eft conftant qu'elles font de même genre que la Terre, où nous
fommes témoins de ce qui s'y trouve, & de ce qui s'y paffe; ce qui
nous donne lieu de conjecturer
qu'il fe rencontre la même chofe
dans les autres.

Pour principe, nous pouvons é-
tablir que les Lunes qui accom-
gnent Jupiter & Saturne, font de
la même nature que la nôtre,
puis qu'elles tournent autour de
ces premieres Planetes, & vont

de compagnie avec elles, & font portées autour du Soleil comme la Lune avec la Terre. Nous verrons enfuite qu'il fe trouve encore d'autres reffemblances ; c'eft pourquoy fi nous pouvons conjecturer quelque chofe de l'état de la nôtre, ce fera de même pour les quatre Lunes de Jupiter, & pour les cinq de Saturne ; eftant tres-conftant, que puis qu'elles ne font pas de moindre condition que la nôtre, il faut qu'elles foient ornées & embellies de même.

Il paroift dans notre Lune, même quand on la regarde avec de petites lunettes de 3 ou 4 pieds de longueur, plufieurs chênes de montagnes. On y remarque enfuite, par des enfoncemens où l'on découvre des plaines d'une largeur tres-confiderable, que fa furface eft partagée, & qu'elle n'eft ny unie ny égale ; car l'on voit les ombres des montagnes du côté

opposé au Soleil , & l'on remarque
frequemment des vallées les unes
plus petites que les autres renfermées dans le sommet de ces
montagnes, lequel est presque fait
en maniere de cercle.

Au milieu de ces vallées s'élevent encore de petits monticules.
De ces rondeurs de vallées, Kepler en tiroit un argument, pour
prouver qu'elles n'estoient qu'un
effet du travail prodigieux des habitans de la Lune ; mais cela est
absolument incroyable , tant parce que la grandeur de ses vallées
est excessive , que parce qu'il se
peut aisément faire par le secours
des causes naturelles, qu'il se forme sur la hauteur des montagnes,
des cavitez orbiculaires de cette
sorte , sans qu'il soit necessaire d'a-
voir recours à l'industrie des hommes. Je n'y vois rien qui ressemble
à des Mers, je n'y découvre rien
qui en ait l'apparence : quoyque

Kepler , & la plûpart de tous les
autres Aftronomes , foient d'un
fentiment oppofé.

Il s'y voit au contraire des païs
pleins & unis , beaucoup plus obf-
curs que ceux des montagnes ;
on les prend communément pour
des Mers , & on les honore du
nom d'Oceans.

Aprés avoir fait plufieurs obfervations avec des lunettes plus
longues qu'à l'ordinaire ; j'ay trouvé qu'il y avoit de petits enfoncemens , de petites cavitez rondes obfcurcies par des ombres
qui tombent au dedans , ce qui
ne convient point à la furface de
la Mer. D'ailleurs ces mêmes campagnes d'une largeur extraordinaire ne donnent aucunes mar-
ques d'une furface pleine & égale,
quand on les regarde attentivement. C'eft pourquoy ce ne font
point des Mers , à moins qu'elles ne foient faites & compofées

T iij

d'une matiere moins blanchâtre,
que celle qui est dans les parties
plus rudes & plus raboteuses, &
dans lesquelles il y a des endroits
qui brillent d'une plus vive lumiere que les autres.

Il n'y a pas non plus d'apparence qu'il y ait aucun fleuve ny tor-
rent qui se precipitent des montagnes les plus élevées, comme
sur la Terre. Il ne paroist aucuns
nuages qui puissent leur fournir de
l'eau ; autrement on les remar-
queroit couvrir tantôt une region
de cette Planete, tantôt une autre, & les dérober à notre veuë,
ce qui n'arrive jamais ; puisqu'au
contraire il y paroist une serenité
d'air perpetuelle.

Il est certain que la Lune n'est
pas environnée ny envelopée d'u-
ne Atmosphere telle qu'est celle
qui environne notre Terre de tous
côtez, parce que s'il y en avoit une
pareille, on ne pourroit pas voir

le bord , & les extremitez de la
Lune si precisément bornez & li-
mitez , qu'on les remarque souvent quand quelque Etoile sur-
vient & entre dans la circonference de cette Planete. S'il y en
avoit, ces bords & ces extremitez
seroient finis & terminez par une
lumiere qui auroit perdu sa force
& sa vigueur , & qui ne seroit, pour
ainsi dire, comparable à celle qui
éclaireroit le reste de la Planete ,
que comme le poil folet l'est à la
barbe , ou comme le coton qui
vient à un certain fruit, l'est à l'é-
corce.

Je pourrois encore alleguer, que
les vapeurs de notre Atmosphere
sont ordinairement composées
d'eaux, & que consequemment où
il n'y a point de Mers ni de Fleuves , il ne peut y avoir aucune
matiere d'où le Soleil puisse atti-
rer une abondance de vapeurs
assez grande pour en former une

T iiij

Atmosphere. La difference si re-
marquable qui se trouve entre la
Lune & notre Terre, est un grand
obstacle à nos conjectures. Si l'on
voyoit clairement qu'il y eût des
Mers & des Fleuves, ce seroit une
assez forte preuve pour montrer
que les ornemens de la Terre con-
viennent à la Lune. Ainsi l'opinion de Xenophane seroit veri-
ble, quand il a dit qu'on habitoit
dans la Lune, & que c'estoit une
Terre composée de plusieurs Villes & de plusieurs montagnes.

Supposons maintenant, comme
nous l'avons dit, qu'il n'y ait ny
Mers ny Rivieres ; il n'y a point
d'apparence que sur un fond si sec
& si maigre, sur un terrain dé-
pourvû d'eau, il puisse y avoir des
herbes & des animaux, puisque
c'est de l'eau & de l'humeur qui
en sort, que toutes ces choses tirent leur suc, & la matiere qui les
fait croistre & vegeter, & les ali-

mens qui les nourriſſent & les conſervent.

Serions-nous réduits à croire que ce Globe n'eût été fait que pour nous éclairer la nuit, ou pour regler le flux & reflux de notre Mer? Seroit-il bien poſſible qu'il n'y eût perſonne ſur ce Globe, qui joüiſſe du ſpectacle charmant de voir notre Terre roûler, & preſenter toutes ſes parties les unes après les autres? Pourroit-t-on dire auſſi que les Satellites de Jupiter & de Saturne ſeroient auſſi dépourvûs, dégarnis & inutiles que notre Lune?

Il eſt vray que je ne puis guere répondre à ces objections, ne voyant rien ici qui me fourniſſe dequoy exercer mes conjectures. Cependant il paroiſt plus vrayſemblable, pour l'excellence, la perfection & la beauté des corps des Planetes, qu'il y ait quelque choſe ſur leur ſurface qui y croiffe & qui y ait vie. Quoy que ce puiffe eftre enfin, & quelque difference qu'il puiffe y avoir à ce qui eft ici, peut-eftre qu'il s'y trouve quelque autre chofe, quoyque diffemblable à notre eau, qui peut faire vivre les plantes & les animaux, les fubftanter & les nourrir. Il peut y avoir une petite humeur, une petite humidité, qui ne s'imbibant pas d'eau comme notre Terre, pourroit fuffire aux rayons du Soleil, pour former une rofée capable de nourrir les herbes & les arbres.

Plutarque l'avoit ainfi jugé avant moy, dans fon Dialogue qui traite de la face des chofes qui font dans le monde la Lune. Chez ces peuples comme chez nous, il ne feroit befoin que de la fuperficie de la furface de la Mer, comme une petite peau fort deliée pour fournir affez d'humidité aux Terres, qui attirée & condenfée par la force du So-

leil, pourroit former une rofée,
& non pas des nuées.

Ce ne font icy cependant que
des conjectures fort legeres , ou
plûtôt des foupçons, & nous ne
voyons rien autre chofe , pour
pouvoir prouver certainement
quelle eft la nature de notre Lune
& des autres , eftant toutes femblables, comme nous l'avons déja
dit, & de même matiere.

L'on peut encore avancer, pour
confirmer cette verité, que comme notre Lune nous montre toûjours la même face ; de même
celles de Jupiter & de Saturne,
ont toûjours une même face tournée vers leur principale Planete. Cecy doit paroiftre étonnant ;
mais il n'a pas efté bien difficile de
s'en affurer , ayant obfervé que la
derniere Lune de Saturne n'eft
vifible que lorfqu'elle eft à l'Occident de cette Planete, & qu'elle eft toûjours invifible lorfqu'elle eft à fon Orient.

Car il eſt aiſé de penſer que cela arrive , puiſque ce Satellite a
une partie de ſa ſuperficie plus
obſcure que l'autre , & que lorſque cette partie obſcure eſt tournée vers nous , nous ne pouvons la voir à cauſe de la foi-
bleſſe de ſa lumiere ; & comme
elle eſt toûjours tournée vers la
Terre lors qu'elle eſt dans la partie orientale de ſon orbite , & jamais lorſqu'elle eſt ailleurs , c'eſt
une preuve que ce Globe preſente toûjours la même face à Saturne ; car ç'en eſt une ſuite neceſſaire.

Eſtant donc conſtant que notre
Lune & la derniere de celles de
Saturne, preſentent le même côté
à leurs Planetes ; peut-t-on douter qu'il n'en ſoit de même des
autres , qui tournent autour de Jupiter & de Saturne ? La raiſon
de ce Phenomene eſt , que la matiere qui compoſe ces Lunes, eſt

inégalement pefante ; & la plus
pefante ayant plus de force pour
s'éloigner du centre du cercle qu'-
elle décrit, que l'autre, elle doit
doit toûjours eftre tournée vers
les Etoiles fixes, pendant que l'autre regarde fa Planete, ce qui eft
une fuite des loix du mouvement.

Dans cette fituation des Lunes,
à l'égard de leurs Planetes, il en
doit arriver neceffairement à ceux
qui les habitent, des fpectacles
merveilleux (fuppofé qu'elles
foient habitées.) Mais fuppofons
qu'elles le foient, & raifonnant fur
cette fuppofition, il fuffira de
parler de ceux qui habitent la nôtre, pour juger enfuite des autres.

Il eft donc vrai que le Globe de
notre Lune eft partagé en deux
Hemifpheres, d'une maniere que
ceux qui habitent un de ces Hemifpheres, joüiffent toûjours de la
veuë de notre Terre. Ceux au

contraire qui habitent l'autre Hemisphere, en sont toûjours privez,
si ce n'est qu'il y en ait quelques-
uns, qui habitans les confins de
ce Globe, ne perdent & ne re-
couvrent tour à tour la veuë de
cette Planete que nous habitons.

Ceux qui de la Lune regardent la
Terre, la voyent suspenduë en
l'air beaucoup plus grande que
ne nous paroist la Lune, veu que
la Terre a son diametre prés de
quatre fois plus grand; & ce qu'il
y a de merveilleux, c'est qu'ils
la voyent jour & nuit, comme si
elle estoit immobile, s'arrêter au
même endroit du Ciel. Les uns
la voyent sur leur tête, & elle leur
sert de zenith; les autres éloignez
de l'horison d'une certaine hauteur: quelques-uns la voyent aussi
placée dans l'Horison même, &
cependant tournant autour de son
axe, & montrant dans l'espace de
vingt-quatre heures, toutes ses

regions les unes aprés les autres,
fans même excepter les Pôles que
nous ne connoiffons pas encore.
Ils la voyent croiftre en lumiere,
& diminuer dans le tour qu'elle
fait pendant un mois ; ils la
voyent alternativement pleine,
demi-pleine, avec la même varieté de figure, le même changement
de vifage que le Globe de la Lune prefente à nos yeux dans ces
differentes faces ; mais ils reçoivent de notre Terre une lumiere quinze fois plus grande que
celle que nous recevons de la Lune ; fi bien que dans l'Hemifphere,
qui eft tourné vers nous, ils ont
des nuits fort claires, fans que
toute cette clarté leur donne aucune chaleur, quoyque Kepler
ait crû le contraire.

Le Soleil ne fe leve chez eux
qu'une fois tous les mois, à les
compter comme les nôtres, & ne
s'y couche de même qu'une fois.

Ils ont ainfi leurs jours & leurs nuits quinze fois plus longs que nous, toûjours égaux par un équinoxe perpetuel.

Il femble, fuppofé qu'ils ayent leurs corps de la même complexion des nôtres, qu'ils devroient fouffrir des chaleurs exceffives, que ces longs jours leur donnent, eftant dans une diftance du Soleil égale à la nôtre. Ils n'en reffentent tous cependant qu'une chaleur proportionnée, & ceux même qui habitent les confins des Hemifpheres, dont nous avons parlé, qui voyent le Soleil plus élevé fur leur Horifon.

Mais ceux qui habitent les regions placées au deffous des Pôles de la Lune, ne reffentent pas plus de chaleur par leurs longs jours, que ceux qui pêchent en Efté des Baleines fur les côtes d'Irlande, éprouvent fort fouvent de grands froids dans le

temps

temps du folftice, quoy qu'alors ils
ayent des jours de trois ou de
quatre mois.

Les habitans des Pôles de la
Lune, qui voyent rouler les Etoiles fixes, les voyent differentes de
nous, & elles ne s'accordent pas
avec les Pôles de l'Ecliptique. Ces
Etoiles achevent leur periode en
dix neuf années. Pour la durée de
l'année, elle eft la même que chez
nous, & ils mefurent cet efpace de
douze mois par le mouvement des
Etoiles fixes, lors qu'elles revien-
nent au point d'où elles eftoient
parties ; cela leur eft d'autant
plus facile, qu'ils voyent les
Etoiles le jour comme la nuit, la
clarté du Soleil ne leur eftant
d'aucun obftacle, & n'y ayant aucunes vapeurs qui environnent ce
Globe, fans lefquelles nous ver-
rions auffi pendant le jour les
Etoiles ; en forte qu'ils peuvent mieux que nous obferver les
V

Aſtres, leur ſituation & leur mouvement, & avoir plus de ſuccez
dans leurs recherches & dans leurs
découvertes.

Cependant il leur eſt beaucoup
plus difficile de trouver un veritable Syſtême , parce que lorſqu'ils
ont commencé de s'appliquer à
l'Aſtronomie, leur Terre a dû leur
ſembler eſtre immobile , en quoy
l'erreur les a entraînez plus loin
que nous. Tout ce que nous diſons
de notre, Lune ſe rapporte & peut
s'appliquer aux Lunes de Jupiter
& de Saturne , auſquelles les Planetes qu'elles accompagnent, doivent eſtre la même choſe que la
Terre eſt à ſa Lune.

La longueur du jour & de la
nuit priſes enſemble , eſt dans chacune de ces Lunes ou Satellites,
égale à la durée de la periode du
cinquiéme Satellite de Saturne,
eſtant de 80 de nos jours. Il faut
que leurs jours & leurs nuits ſoient

de 40 jours ; & comme Saturne ne
fait fa revolution que dans 30 ans,
il faut que leurs Eſtez & leurs Hy-
vers ſoient de 15 ans chacun. C'eſt
pourquoy les longs froids qu'ils
doivent éprouver pendant leur
Hyver, les longues veilles & les
longues nuits qu'ils ont, nous doivent perſuader qu'ils ſont d'un autre temperament que nous, quand
nous n'aurions point d'autre raiſon de le ſoupçonner.

Nous avons expliqué juſqu'icy
ce qui regarde les Planetes du
premier & du ſecond ordre qui
tournent autour du Soleil. Avant
que de finir, & pour continuer
notre route, il reſte à parler du
Soleil & des Etoiles fixes, c'eſt-à-
dire de la troiſiéme eſpece des
corps celeſtes.

CHAPITRE VII.

Explication du Monde Solaire , &
de ses propositions. L'idée d'He-
siode sur l'éloignement du Ciel &
des Enfers. Experience d'un boulet
de canon , son mouvement , sa vi-
tesse pour prouver l'éloignement du
Soleil.

JE crois qu'il est bon d'étaler en
quelque maniere la grandeur
& la magnificence du Monde solaire , mieux que l'on a fait jusques à present , quoy qu'il soit
assez difficile à la verité de le
faire dans une figure tracée sur
ces feüillets , par la petitesse des
corps celestes des Planetes , comparée à leurs orbes qui sont si vastes. Mais le discours suppléera à
ce qui ne se peut accomplir par la
figure.

C'eſt pourquoy en reprenant la fi- Figure 1.
gure que nous avons miſe au commencement du premier Livre ,
qu'on s'en imagine une ſemblable
& qui lui ſoit proportionnée , tracée ſur un plan ſpacieux & uni ,
dont le dernier cercle repreſen-
tant l'orbe de Saturne , contien-
ne 360 pieds de demi diametre ,
dans la circonference duquel l'on
met enſuite le Globe de Saturne
avec ſon anneau de la grandeur
dont on le voit dans une ſeconde Figure 2.
figure , où ſont les corps du Soleil
& des Planetes , & qu'on place pa-
reillement les autres Globes chacun en ſa rondeur , & qu'au milieu
de tous l'on y place le Soleil dans
la grandeur qu'il y eſt marqué ,
c'eſt-à-dire de quatre pouces de
diametre ; de cette maniere le
circuit de la Terre , que les Aſtronomes appellent le grand orbe ,
aura pour ſon partage un demi
diametre de 36 pieds.

Il faut s'imaginer que la Terre qui n'eſt pas plus groſſe qu'un
grain de milet, roûle autour de
la circonference de ce cercle, &
autour d'elle ſa Lune, qui eſt à
peine de la groſſeur d'un point vi-
ſible, ſe met dans un cercle qui
a un peu plus de deux pouces de
diametre, comme on le voit repre-
Figure ſenté dans la figure cinquiéme,
5. dans laquelle la ligne A, B, repreſente une partie de la circonference du grand orbe de la Terre, dont le rayon a 36 pieds, comme nous l'avons dit. Le petit Globe c'eſt la Terre, le cercle D, E,
eſt celui que la Lune décrit autour d'elle, dans lequel le point
C, repreſente le corps de la Lune.

La cinquiéme des Lunes de
Saturne ſera portée dans le cercle, dont le demi diametre eſt de
29 pouces, & la quatriéme de
Jupiter dans un cercle un peu

plus petit d'un diametre de 19 $\frac{1}{4}$ pouces.

C'eſt par cette maniere que l'on aura un modele accompli dans toutes ſes proportions, de ce magnifique Palais Royal du Soleil, dans lequel la Terre ſera éloignée de cet Aſtre de douze mille de ces diametres. La grandeur de cet eſpace, s'il la faut marquer par le nombre des lieuës, comprendra plus de dix-ſept millions de lieuës d'Allemagne. Peut-être que nous concevrons mieux cette prodigieuſe étenduë, cet éloignement preſque infini, ſi nous le meſurons par la viteſſe de quelque mouvement, & ſi nous le comparons au plus precipité qu'on puiſſe imaginer, à l'exemple du Poëte Heſiode, qui déterminant la hauteur du Ciel, & la profondeur des Enfers, par des eſpaces égaux, c'eſt-à-dire, qui prétendant que le Ciel eſtoit auſſi haut que l'Enfer estoit profond, l'un élevé au dessus de nos têtes, & l'autre sous nos pieds, a laissé par écrit, que si l'on jettoit une grosse enclume de fer du haut du Ciel en bas, cette lourde masse, aprés estre descenduë d'un mouvement precipité pendant neuf jours & neuf nuits, n'arriveroit sur la Terre que le dixiéme jour, & seroit le même temps pour tomber de notre Terre à l'enfer.

Nous ne citerons pas ici pour exemple la chûte d'une enclume; mais plûtôt la vitesse continuée d'un boulet lâché d'un canon du plus gros calibre.

L'on a découvert par des experiences, que Mercenne rapporte dans son Traité des Machines de guerre, que ce boulet faisoit environ cent toises par secondes d'heure, ou à chaque battement d'arteres, le bruit dans ce temps se faisant entendre jusqu'à une certaine d'octogenes.   Je

Je dis donc, que si ce boulet de canon estoit continuellement porté d'une vitesse aussi prodigieuse que celle dont nous venons de parler, de la Terre au Soleil, il y employeroit prés de vingt-cinq ans pour faire ce chemin. De sorte que pour aller de Jupiter au Soleil, il lui faudroit 115 années, de Saturne au Soleil 250. Ce calcul dépend de la mesure du diametre de la Terre, lequel suivant les observations les plus approuvées des François, est de 6538594 toises de Paris, un degré du cercle le plus grand, faisant 57060 toises. C'est pourquoy tout cela fait connoistre l'énorme grandeur de tous ces Globes en comparaison de notre petite Terre, sur laquelle nous entreprenons tant de choses, tant de Navigations & tant de Guerres.

Plût à Dieu que les Souverains y fissent souvent refléxion, ils avoüe-

X

roient qu'ils fe donnent bien des
foins & des peines, quand ils em-
ploient toutes les forces de leurs
Etats pour occuper quelque petit coin de la Terre , & pour s'en
rendre maiftres aux dépens de la
vie de leurs fujets. Mais retour-
nons à notre fujet fur ce qui regarde le Soleil , dont la defcription que nous venons de faire ,
prouve affez clairement la difference qu'il y a de fa grandeur
aux Planetes & à leurs orbes.

Quelques Philofophes ont crû
qu'il eftoit vray-femblable , que
des animaux pouvoient vivre dans
le Soleil, mais comme le fecours de
toutes fortes de conjectures man-
que bien plus à l'égard du Soleil,
que dans les Lunes ; je ne fçay par
quelle raifon ils ont crû que cela
eftoit ainfi : puifque l'on n'a pas
encore découvert à fond , fi la
matiere de ce vafte Globe eftoit
dure ou liquide , quoy qu'il foit

plus apparent qu'elle foit liquide,
felon la nature de la lumiere que
j'ay expliquée ailleurs, & qui eft
également répanduë par toute fa
furface, la parfaite rondeur de
cet Aftre nous perfuadant affez
cette verité.

Pour la petite inégalité qui paroift dans la circonference de
fon difque, & que l'on apperçoit
quelquefois même avec des lunettes, & de laquelle quelques
gens s'imaginent qu'il fort d'une
maniere étonnante des tourbillons de flammes; ce n'eft rien autre chofe qu'une agitation trem-
blante des vapeurs qui environnent notre Terre, laquelle agitation eft auffi caufe que pendant la nuit les Etoiles nous paroiffent jetter des étincelles.

Pour moy, quoyque j'aye fouvent confideré attentivement ces
petits flambeaux & ces flammes
qu'on vante tant, lors qu'on

X ij

parle des taches qui font dans le
Soleil, je ne les ay jamais pû voir,
& je doute fort qu'il y ait quelque chofe dans le Soleil qui pa-
roiffe plus lumineux que le Soleil
même.

Quand je confulte les obfervations les plus exactes qui fe
foient faites fur ce fujet, je trouve que ce n'eft que dans ces petites nuées noires, qui le plus fouvent environnent ces taches, qu'-
on remarque de tems en tems des
points plus clairs & plus brillans
que le refte du Globe ; & il n'eft
pas furprenant qu'ils paroiffent
plus éclatans qu'ils ne le font en
effet, par le voifinage de cette
obfcurité.

L'on doit croire comme une
chofe tres-affeurée, que dans le
Soleil il y a une fi grande chaleur
& une fi brûlante ardeur, qu'il eft
abfolument impoffible, que rien
de femblable à nos corps y puiffe

vivre & y rester un moment. C'est
pourquoy il faudroit concevoir
quelque autre espece d'animaux
vivans differente de toute la nature de ceux que nous n'avons jamais vûs ou pensez ; ce qu'il est
impossible de déviner par conjectures.

Cet Astre a esté créé si beau,
que tout ce qui l'environne, se res-
sent des avantages & des faveurs
qu'il répand. C'est par lui que toutes les Planetes qui l'environnent
sont éclairées. Tous les animaux
de ces Planetes ne subsistent &
ne vivent que par lui ; il leur rend
la vie agreable & délicieuse. Toutes ces choses sont d'une si grande
importance, & elles sont si considerables, qu'on ne doit point s'é-
tonner que le Soleil ait esté créé &
fait pour l'amour d'elles seulement.

Kepler croyoit qu'on avoit encore donné au Soleil un autre em-

ploi , outre celui d'éclairer & d'é-
chauffer, & vouloit qu'il donnât le
mouvement à toutes les Planetes
qui l'environnent chacune dans
fon orbe ; & cela par le propre
mouvement circulaire qu'il fait
autour de fon axe , ce qu'il tâche
de prouver par un grand nombre de raifons dans fon Abregé
du Syftême de Copernic. Mais je
ne fçaurois foufcrire à cette opinion , par les raifons que nous dirons dans la fuite de ce Traité.

CHAPITRE VIII.

Des Etoiles fixes : leur grandeur, leur lumiere, ce sont autant de Soleils. Le sentiment de Kepler sur les Etoiles fixes refuté. Les Etoiles ont des Satellites, comme les autres Planetes. Il y a aussi des habitans dans les Etoiles fixes, & les choses necessaires à la vie. Le nombre des Etoiles est infini.

IL sembloit que l'on ne pouvoit placer le Soleil au nombre des Etoiles fixes, sans condamner le Systême de Copernic, parce que les Etoiles de la premiere grandeur paroissant alors avoir trois minutes de diametre, & étant dans le Systême de Copernic si éloignées, que tout le grand orbe que la Terre décrit autour du Soleil, ne doit estre regardé

que comme un point , par rapport à cette diſtance , les Etoiles
fixes ne paroiſſent point changer
de diſtance , quoyque la Terre
change de lieu toute l'année.

Il s'enſuivoit dans cette hypotheſe , que chacune de ces Etoiles
de la premiere grandeur étoit plus
grande que ce vaſte cercle que
décrit la Terre , ce qui paroiſſoit
abſurde.

Mais depuis que les Teleſcopes
ont oſté les rayons des Etoiles que
nous voyons, lorſque nous les regardons à nud , (ce qui ſe fait facilement en terniſſant le verre
oculaire de la lunette à la flamme
d'une chandelle) & qu'elles ont
commencé à ne paroiſtre que des
points lumineux ; cette difficulté
eſt entierement levée , & rien
ne nous empêche de conſiderer
les Etoiles fixes comme autant de
Soleils. Ce qui rend la choſe d'autant plus probable , c'eſt qu'il eſt

conftant qu'elles donnent leur
propre lumiere fans l'emprunter
d'ailleurs ; leur éloignement du
Soleil eftant fi grand, qu'elles ne
fçauroient l'emprunter de lui en
aucune maniere. Il paroift affez
que chacune de ces Etoiles eft
auffi grande que le Soleil, puifque d'un intervalle fi immenfe elles répandent une lumiere fi vive
& fi éclatante.

C'eft pourquoy ceux qui em-
braffent le Syftême de Copernic,
fuivent communément cette opinion, & établiffent pour principe,
que ces Etoiles ne font pas attachées fur une feule & même furface, tant parce qu'il n'y a point
de raifon qui en convainque, que
parce que le Soleil qui eft lui-même une Etoile fixe, ne peut avoir
de rapport à la même Sphere.

Il eft donc plus vrai de dire
qu'elles font parfemées par les va-
ftes efpaces du Ciel, & qu'autant

qu'il y a d'éloignement & de diſtance de la Terre ou du Soleil
aux plus proches d'entr'elles; autant y en a-t-il ou environ de celle-cy aux ſuivantes, & ſucceſſive-
ment aux autres, par un progrez
continuel.

Kepler eſt d'un autre ſentiment
dans l'Abregé dont nous avons
parlé; & bien qu'il croye que les
Etoiles ſoient diſperſées dans toute la concavité du Ciel, il veut
cependant que le Soleil qui nous
éclaire, ait autour de lui un eſpace beaucoup plus grand, comme une Sphere vuide ſur laquelle il y a un Ciel plus rempli d'E-
toïles. Il croyoit qu'autrement
nous ne compterions qu'un petit
nombre d'Etoiles, & qu'elles nous
paroiſtroient d'une grandeur bien
differente les unes des autres, *puiſque les plus grandes de toutes* (dit
cet Auteur) *nous paroiſſent ſi petites, qu'à peine peut-on les remar-*

quer ou les mesurer avec des instru-
mens de Mathematiques. Il s'en-
suit par une consequence necessaire,
que celles qui seroient deux fois ou
trois fois, &c. plus éloignées de nous,
paroistroient deux & trois fois plus
petites, supposé qu'elles fussent veri-
tablement entr'elles de grandeur éga-
le. Il s'ensuit aussi que celles qui
sont si éloignées, deviendroient tout-
à-fait imperceptibles à nos yeux, &
que par consequent l'on verroit tres-
peu d'Etoiles ; que celles que l'on ver-
roit, seroient d'une grandeur bien dif-
ferente les unes des autres. Cependant bien loin que son idée soit
veritable , nous en remarquons
plus de mille qui ne paroissent
pas bien differentes en grandeur.
Ainsi rien ne prouve évidemment
ce qu'il prétend , & il s'est trompé sur tout en ce qu'il n'a pas
fait attention que la nature des
feux & de la flamme , est telle
qu'on les peut voir d'un éloigne-

ment tres - grand ; & qu'enfin
par ce grand éloignement cette
flamme & ces feux s'évanoüiffent
tout-à-fait, d'où fortent d'autres
corps compris dans d'auffi petits
angles. C'eft ce que font voir les
lanternes qu'on allume de nuit
dans les ruës de nos Villes, lefquelles eftant éloignées les unes
des autres de cent pieds ou environ, on ne laiffe pas d'en compter
une vingtaine & même plus tout
d'une fuite, quoyque plus éloignées les unes que les autres, &
que la flamme de la vingtiéme
foit à peine vûë dans un angle
de fix feconds fcrupules.

Il faut qu'il arrive neceffairement la même chofe dans cette
excellente lumiere des Etoiles, &
dans l'éclat dont elles brillent ;
en forte qu'il n'eft pas furprenant
que nos yeux en puiffent remarquer mille ou deux mille d'entr'-
elles, & quand on fe fert des Te-

lefcopes, l'on en apperçoive même vingt fois plus.

Il y avoit une raifon fecrette ,
qui faifoit fouhaiter à Kepler que
le Soleil eût quelque avantage par
deffus les autres Etoiles, & qu'il
fût le feul dans l'Univers au milieu de toutes les Planetes. Par
ce Syftême, il le plaça au milieu
du Monde. Il avoit befoin de ces
préfuppofitions, pour établir &
pour confirmer fon myftere Cof-
mographique, parlequel il vouloit
que les diftances des Planetes d'a-
vec le Soleil, répondiffent dans de
juftes proportions aux diametres
desSpheresalternativement infcri-
tes & circonfcrites aux corps regu-
liers, dont Euclidetraite chacun en
particulier ; ce qui pouvoit feulement paroître vray-femblable, fuppofé que dans tout le monde il n'y
eût qu'un chœur d'Aftres errans
autour du Soleil , & que de cette
maniere ce Soleil fût feul de fon
efpece.

Mais fi l'on réflechit ferieufement fur ce myftere, il ne paroiftra qu'un fonge, qu'une pure rêverie, fortie de l'école de Pithagore ou de Platon, & les proportions ne cadrent pas affez, comme l'Auteur lui-même le reconnoift. Pour expliquer pourquoy cela fe fait ainfi, il en invente d'autres caufes d'auffi peu de valeur, il fe fert d'argumens plus legers, pour prouver encore que la derniere furface du Monde, qui comprend toutes les Etoiles, eft de figure ronde & fpherique; & qu'outre cela, il faut neceffairement, que puifque leur grandeur eft limitée, leur nombre le foit auffi.

Ce qu'il dit de plus abfurde, c'eft qu'il décide que l'efpace qu'il y a du Ciel à la furface de la concavité de la Sphere des Etoiles fixes, eft de fix cens mille diametres de la Terre, parce qu'il y a la même proportion de ce dia-

metre à celuy de la Sphere interieure, que celle qu'il y a du diametre du Soleil au diametre de
l'orbe de Saturne, entre lefquels
il établit la même proportion que
celle qu'il y a de un à deux mille.
Mais cette propofition n'eft ap-
puyée fur aucun fondement folide,& il eft étonnant qu'un homme
d'un efprit fi fublime,& qu'on peut
appeller le reftaurateur de l'Aftronomie, fe foit laiffé aller à des
raifonnemens auffi abfurdes que le
font ceux-cy.

Pour nous, nous ne faifons point
de difficulté avec les principaux
Philofophes de notre temps, de
croire que les Etoiles fixes & le Soleil font d'une même nature, ce
qui fait déja naître une idée du
monde beaucoup plus grande que
celle qu'on s'en eftoit formée jufqu'à prefent.

Qui peut empêcher prefente-
ment que nous ne croyons que

chacune de ces Etoiles, qui font autant de Soleils, n'ait autour de foi des Planetes comme notre Soleil, lefquelles foient outre cela fuivies de leurs Satellites, & accompagnées de leurs Lunes. Et même voici une raifon évidente qui doit perfuader que cela eft ainfi.

Si par un effort de notre imagination nous nous plaçons dans les regions du Ciel auffi éloignées du Soleil que des Etoiles fixes, nous remarquerons qu'il n'y a aucune difference entr'elles & le Soleil, & il s'en faudroit beaucoup que nous apperçeuffions les corps des Planetes qui environnent cet Aftre, foit par la trop petite lumiere qu'elles rendroient de fi loin, foit parce que les orbes dans lefquels elles ont leur mouvement de circulation, feroient confondus en un feul & même point de lumiere avec le Soleil. Suppofé donc que nous foyons placez dans
ces

ces regions celestes, nous croirions
avec justice, que toutes les Etoiles sont d'une même nature ; &
si nous en pouvions voir une de
plus prés que les autres, nous ne
douterions nullement qu'on ne
pût aussi former le même jugement des autres.

Mais à present que par la volonté & la bonté de Dieu nous
sommes attachez, pour ainsi dire,
& assujettis à l'une des Etoiles fixes qui est notre Soleil, & que
nous nous en sommes approchez
de si prés, que nous voyons rouler & tourner autour de cette
Etoile six Globes d'une moindre
grandeur, & qu'autour de quelques-uns de ces Globes nous en
voyons d'autres du second rang,
faire leur revolution & leur servir de Satellites : Pourquoy donc
ne jugerons-nous pas la même chose des autres Etoiles fixes?
& pourquoy ne croirons-nous pas

que cette Etoile ou notre Soleil
n'eſt pas la ſeule qui ait autour
d'elle une ſi belle compagnie, ou
qu'elle ne ſurpaſſe pas les autres
en quoy que ce ſoit, & qu'elle n'eſt
pas la ſeule qui tourne autour de
ſon axe ? Pourquoy ne croirons-
nous pas auſſi que toutes les autres
Etoiles fixes ont tous ces avantages, auſſi-bien que le Soleil ?

Par la même raiſon donc que
nous avons ſoûtenu, qu'il y a dans
les Planetes qui tournent autour
du Soleil, les mêmes choſes que
celles qui ſe rencontrent ſur notre Terre, avec laquelle elles ont
une ſi parfaite reſſemblance : Par
la même raiſon, dis-je, nous devons croire que ce nombre infini
d'autres Planetes ajoûtées & aſ-
ſervies à tant de milliers d'autres
Soleils, ont auſſi les mêmes avantages & les mêmes ornemens que
celles qui environnent notre Soleil. Il y aura auſſi des plantes, &

des animaux qui feront douëz de la raifon , qui pourront admirer les parties & les efpaces du Ciel, obferver les Aftres , & connoiftre leurs mouvemens , & qui enfin auront toutes les chofes fans lefquelles nous avons fait voir cydevant qu'on ne peut avoir celles que nous avons.

Avec quelle admiration ne devons-nous pas concevoir à prefent quelle eft la magnificence du Monde ? de quelle furprenante grandeur & de quelle étenduë il peut eftre ? tant de Soleils , tant de Terres , & toutes garnies & ornées d'un fi grand nombre de Planetes , d'Animaux , de Mers & de Montagnes? Si l'on veut examiner attentivement ce que nous avons ajoûté fur la diftance & fur la multitude des Etoiles fixes , il y aura bien plus de fujet d'étonnement.

Il eft conftant par plus d'une

raison, que la distance qu'il y a des Etoiles fixes à nous, est si prodigieuse, que celle qu'il y a entre le Soleil & la Terre, quoy qu'elle soit de douze mille diametres de la Terre, doit passer pour estre tres-petite en comparaison de la premiere : entr'autres, par la raison, que si l'on remarque quelques Etoiles fort proches les unes des autres, & differentes en clarté, comme dans le milieu de la queuë de la grande Ourse qui est double, l'on n'apperçoit aucun changement de leur intervalle apparent dans quelque tems l'année qu'on les regarde. Ce qui devroit pourtant arriver necessairement à cause des differentes positions de la veuë pendant le cours de l'année, & l'on verroit naistre quelque paralaxe, si l'Etoile qui paroist la plus lumineuse (comme il est plus convenable) estoit la plus proche de nous.

Mais ceux qui avant nous ont
cherché les moyens de mesurer
un si vaste espace, n'ont rien pû
concevoir d'assuré à cause de la
trop grande subtilité des observations, & que cette subtilité est
au-dessus de tout. Il m'a paru qu'il
ne me restoit que cette seule route
pour parvenir à découvrir du moins
quelque chose de vray-semblable
dans une entreprise si difficile.

Les Etoiles donc, comme nous
l'avons déja dit, estant autant de
Soleils, si nous en supposons quelqu'une égale, sa distance sera
d'autant plus grande, que son diametre apparent sera plus petit que
le diametre du Soleil. Les Etoiles paroissent si petites, celles même qui sont de la premiere grandeur, quoy qu'on les regarde avec
des grandes lunettes, elles n'é-
clatent & ne paroissent que comme des points lumineux, sans qu'on
puisse voir qu'elles ayent aucune
largeur sensible.

C'eſt ce qui fait que par ces obſervations l'on ne peut en prendre aucune dimenſion. Ne pouvant reuſſir par ce moyen, j'ai tenté toute ſorte de voyes pour pouvoir diminuer tellement le diametre du Soleil, qu'il n'envoyât pas à mon œil une plus grande lumiere que fait Sirius ou un autre des Aſtres les plus éclatans. J'ay bouché comme cy-devant avec une petite lame tres-fine, l'une des deux ouvertures d'un tuyau de 12 pieds de long. J'ay fait un ſi petit trou dans le milieu de cette lame, qu'à peine excedoit-il la douziéme partie d'une ligne ou la quarantequatriéme partie d'un pouce. J'ay tourné le tuyau contre le Soleil du côté où eſtoit cette petite lame, & j'ay appliqué l'œil de l'autre côté qui voyoit pour lors une petite partie du Soleil, dont le diametre ſe rapportoit au diametre de tout le Soleil, comme 1 à 182,

& je trouvois cette petite partie
beaucoup plus éclatante que Sirius
ne nous le paroiſt pendant la nuit.

Ainſi voyant qu'il faloit retreſ-
ſir beaucoup plus le diametre du
Soleil, je l'ay fait, enſorte que dans
cette lame troüée j'y mettois devant un petit verre tres-fin environ du pareil diametre que celui
qu'avoit ce premier trou, & duquel petit verre je m'eſtois ſervi
cy-devant à l'uſage des Microſco-
pes. C'eſt ainſi que regardant le
Soleil, m'eſtant couvert la tête de
tous côtez, crainte que la lumiere du jour ne me cauſât quelque
trouble, ſon éclat ne me paroiſſoit pas moindre que celui de Sirius.

Ayant donc établi mon calcul
ſuivant les loix & les regles de la
Dioptrique, le diametre du Soleil
devenoit déja $\frac{1}{182}$ de cette 182ᵉ petite partie, laquelle j'avois regar-
dée auparavant par un petit trou,

& aprés avoir joint en un $\frac{1}{152}$ & $\frac{1}{182}$, cela fait $\frac{1}{27664}$. Ayant donc retreſſi le Soleil juſqu'à ce point, ou l'ayant reculé (car l'un & l'autre produiront le même effet) que ſon diametre ſoit un $\frac{1}{27664}$ de celui que nous voyons dans le Ciel ; il lui reſte encore aſſez de lumiere pour ne le pas ceder à Sirius , & pour n'être pas mois éclatant que lui

La diſtance du Soleil reculée juſqu'à ce point, ſe rapportera neceſſairement à celle qu'il a preſentement, comme de 27664 à 1 ; & ſon diametre excedera un peu quatre ſcrupules d'une troiſiéme partie. C'eſt pourquoy en ſuppoſant que Sirius lui ſoit égal, il s'enſuit que le diametre de Sirius comprend auſſi autant de ſcrupules de cette ſorte, & que ſa diſtance a le même rapport à celle dont nous ſommes éloignez du Soleil, comme de 27664 à 1, lequel intervalle

tervalle, quelque incroyable qu'il
soit , se verifiera par le même
moyen que nous avons employé
pour mesurer la distance du Soleil d'avec nous.

Car si un boulet de canon dans
sa vitesse, avoit besoin de 25 années
pour arriver de la Terre au Soleil , il faut tirer 25 fois ce nombre de 27664; tous ces nombres
assemblez font 691600. De sorte
que ce boulet de canon marchant
toûjours avec une aussi grande vitesse que celle que nous avons
supposée, consommeroit prés de
soixainte & dix mille ans avant
que d'arriver aux plus prochaines
d'entre les Etoiles fixes. Dans une
nuit claire & belle lorsque le Ciel
est serein , & que nous jettons la
veuë de toutes parts vers ces Etoiles , à peine nous imaginons-nous
qu'elles soient distan es de notre
tête de quelques mille , autant
que nos ye ux r ous d n ient le pouvoir d'en juger.   Z

C'est pourquoy je n'ay essayé
à découvrir quelque chose, que
sur celles qui sont plus prés de
nous ; les autres, comme je l'ay
déja dit, estant reculées dans des
éloignemens si prodigieux, qu'il
n'y a pas moins de distance suc-
cessivement des plus proches aux
suivantes, qu'il y en a du Soleil
à celles-là. Quelle immensité ne
reste-t-il donc pas ? Car si par nos
simples regards, par le secours
de nos yeux seulement, nous en
remarquons plus de mille, & par
le secours des Telescopes, dix ou
vingt fois plus ; comment peut-
on savoir ou déterminer, quel est
le nombre des plus reculées qu'on
ne sauroit appercevoir ? Je crois
que le nombre en est infini par la
puissance de Dieu ; & faisant réflexion sur toutes ses merveilles,
il m'est souvent venu en l'esprit
que tous nos calculs ne rouloient
que sur les premiers élemens des

nombres, & que dans leur diſtri-
bution infinie, il y en a qui non
ſeulement ne ſe peuvent exprimer
avec 10, 20, 30, 100 ou 1000 chi-
fres dans la proportion de cuple
dont nous nous ſervons, mais encore qui en contiennent autant
qu'il y a de grains de ſable dans
toute la maſſe de la Terre.

Et qui oſeroit aſſeurer que la
multitude des Etoiles fixes n'é-
gale pas ce nombre ? Car il y en
a qui ont eſté plus loin, en aſ-
ſeurant que le nombre des Etoiles fixes eſtoit infini, comme quelques-uns des anciens, & même de
notre temps Jourdain Brunus, qui
prétend l'avoir prouvé par pluſieurs argumens; mais qui ne paroiſſent pas ſolides. Je ne crois pas
cependant que l'on puiſſe prouver le contraire par de bonnes
raiſons.

Ce qui eſt de conſtant, c'eſt que
l'eſpace de toute la nature en ge-

neral s'étend, pour ainsi dire, de
tous côtez à l'infini, & rien n'empêche qu'au delà de la region des
Etoiles, telle que Dieu l'a limitée,
ce souverain Créateur n'ait fait
une infinité d'autres choses aussi
éloignées de nos conceptions &
de nos pensées, qu'elles le font
de nos demeures & de nos habitations.

Que sera-ce, si veritablement il
n'a pas créé une infinité d'Etoiles,
& qu'au delà de celles qui font
créées, il ait laissé un vuide infini,
en sorte que ce grand Tout, qu'il a
voulu qui existât, soit comme un
rien en comparaison des choses
que sa Toute-puissance auroit pû
produire ? Je cesse de pousser plus
loin la recherche de ces matieres, & toute cette dispute de l'infini très-mal-aisée à décider, pour
ne pas ajoûter un nouveau travail à cette grande entreprise
dont nous voilà presque sortis. J'a-

joûterai seulement, comme un
avertissement, ce qui peut faire
connoître quel est notre sentiment sur cette vaste étenduë
du Monde, c'est-à-dire, jusqu'où
il est rempli de Soleils ou d'Etoiles fixes, autour desquelles nous
avons cy-devant montré qu'il est
vray-semblable que plusieurs Planetes tournent.

CHAPITRE IX.

Il y a des tourbillons autour de cha-
que Etoile, où elles tournent.
Ces tourbillons sont differens
de ceux que Descartes a établis.
Sentiment de ce Philosophe re-
futé.

JE crois que chaque Soleil est
environné d'un certain tournoyement ou tourbillon d'une
matiere muë avec vitesse; mais
Aa iij

que ces tourbillons font fort differens de ceux dont parle Def-
cartes, tant par l'efpece que par
le genre du mouvement dont la
matiere eft agitée. Selon Defcar-
tes, l'étenduë de ces tourbillons
eft fi vafte, qu'ils fe touchent les
uns & les autres, & fe font face
tous avec leur furface unie & égale. Comme quand les enfans fe
joüans avec de l'eau imbuë de
favon, foufflent dans cette eau &
font naiftre de petits pelottons
compofez de plufieurs boules jointes enfemble : il établit pour principe, que la matiere de ces tourbillons eft remuée & agitée en
tournant toûjours du même côté;
mais il s'enfuivroit delà que ce
mouvement ne fe trouveroit pas
peu embaraffé par la furface des
tourbillons qui a plufieurs angles.

De plus comme toute cette matiere doit eftre emportée autour de l'axe d'un Cylindre, il

a bien de la peine à expliquer
comment par un femblable mouvement le corps du Soleil doit
être rond, & il l'a tenté en vain: les
raifons qu'il en a apportées, n'ex-
pliquent rien, & n'en impofent
qu'à c'eux qui ne font pas fur leur
garde.

Il prétend encore que les Planetes nagent dans cette matiere
étherée, & qu'elles foient empor-
tées avec elles. Et il ajoûte qu'elles font retenuës dans leurs orbes, parce qu'elles n'ont pas plus
de force qu'elles pour s'éloigner
de leur centre commun de mouvemens.

Mais l'on peut faire fur cela plufieurs objections tirées de l'Aftronomie dont nous avons parlé dans
notre Differtation fur les caufes
de la pefanteur, dans laquelle
nous avons auffi expliqué par une
autre raifon, pourquoy les Planetes font retenuës dans leurs or-

bes : & la raison que nous en a-
vons donnée, c'est leur propre pesanteur qui les pousse vers le Soleil. Nous avons encore montré
d'où venoit cette pesanteur. Je
suis d'autant plus surpris que Descartes n'ait point trouvé cette raison , qu'il est le premier qui ait
expliqué comme il faut les causes
de la pesanteur qui pousse les
corps vers la Terre.

Plutarque rapporte dans le Dialogue dont nous avons déja parlé,
qu'il y avoit eu autrefois un Philosophe qui croyoit que la Lune demeuroit dans son orbe , parce que
la force qu'elle recevoit du mouvement circulaire pour s'éloigner
de la Terre, estoit égale à la force
que sa pesanteur lui donnoit pour
s'en approcher. Borelli de nos
jours a pensé la même chose , &
non seulement sur le sujet de la
Lune , mais encore sur celui de
toutes les Planetes. Il croit que

la pesanteur des Planetes du premier ordre les pousse vers la Terre , & que celle des Lunes les
pousse vers les Planetes qu'elles
accompagnent ; savoir , celles qui
accompagnent la Terre , vers la
Terre ; celles qui accompagnent
Jupiter , vers Jupiter , & ainsi des
autres. Mais selon notre opinion
touchant la nature de la pesanteur , par laquelle les Planetes
sont poussées vers le Soleil , le
tourbillon de matiere qui l'environne ne se meut pas tout entier vers un même côté ; mais
il est emporté par parties avec
une extrême vitesse dans toutes
sortes de déterminations, sans qu'-
il puisse pour cela se dissiper , parce qu'il est entouré d'un air qui
ne se meut pas avec la même vitesse. C'est par un semblable mouvement , que nous avons expliqué
dans la Dissertation dont j'ay parlé , les effets de la pesanteur des

corps vers la Terre, & que l'on
peut auſſi expliquer celles des Planetes vers le Soleil. L'on en peut
encore conclure la rondeur de la
Terre, celle des autres Planetes,
& même celle du Soleil, dont il
eſt ſi difficile de rendre raiſon
dans l'hypotheſe de Deſcartes.

Je ſuppoſe que l'étenduë de chaque tourbillon eſt beaucoup plus
reſſerré que ne fait Deſcartes, &
je les conçois diſpoſez dans la
vaſte profondeur des Cieux, comme ces petits tourbillons que l'on
forme dans un grand lac, ou dans
un étang, par le tournoyement
d'un bâton dans des lieux fort
éloignez les uns des autres; &
comme le mouvement des uns ne
s'étend point juſques aux autres,
& qu'ils ne s'empêchent point par
conſequent, de même ceux qui
ſont autour des Etoiles ou des Soleils, ne s'embaraſſent point non
plus ny les uns ny les autres.

C'eſt pourquoy ces tourbillons
ne pourront point ſe détruire ou
s'abſorber les uns les autres, comme Deſcartes le ſuppoſe, lors
qu'il veut expliquer de quelle maniere une Etoile ou un Soleil peut
eſtre changé en Planetes. Et l'on
voit bien que lors qu'il écrivoit ces
choſes, il ne faiſoit pas attention à
la diſtance prodigieuſe qu'il y a
entre les Etoiles, & cela paroiſt
clairement en ce qu'il prétend,
qu'une Comette nous devient vi-
ſible, lors qu'elle commence d'entrer dans le tourbillon dont notre Soleil occupe le centre, ce
qui eſt de la derniere abſurdité :
car comment un Aſtre comme ce-
luy-là, qui ne luit que par la lumiere qu'il reçoit du Soleil, comme il le ſuppoſe avec la plûpart
des Philoſophes, pourroit-il eſtre
apperçû d'un ſi grand intervale,
qui ſeroit au moins dix mille fois
plus grand que celui qu'il y a de

la Terre au Soleil : car il ne pouvoit pas ignorer que le tourbillon du Soleil ne fût d'une grande étenduë, puis qu'il ſavoit que
dans le Syſtême de Copernic le
grand orbe, c'eſt-à-dire, le cercle que la Terre décrit dans ſon
mouvement annuel autour du Soleil, n'eſtoit qu'une pointe à ſon
égard. Mais tout ce que Deſcartes a écrit ſur la nature des Co-
mettes, & même ſur les Planetes,
& ſur la formation du monde, a
ſi peu de ſolidité, que je me ſuis
ſouvent étonné qu'il ait pû ſe donner tant de peine pour appuyer &
faire valoir de telles fictions. Pour
moi je crois que c'eſt beaucoup
faire que de concevoir de quelle
maniere ſont compoſées les choſes qui ſont dans la nature, &
nous ſommes encore bien éloignez
de les connoiſtre parfaitement.
Mais de vouloir penetrer de quelle maniere elles ont eſté pro-

duites, & elles ont commencé d'ê-
tre ; je ne crois pas que cela soit
possible à l'esprit humain.

FIN.

TABLE
DES CHAPITRES
Contenus en ce Volume.

TABLE

Chap.

A a

DES CHAPITRES.

SECONDE PARTIE.

CHAPITRE PREMIER.

Où l'on examine le Livre de Kircher, intitulé le Voyage Extatique, *& toutes les conjectures de ce Philosophe, sur ce qui se trouve sur la surface des Planetes.*

A a ji

TABLE

Fin de la Table.

www.ingramcontent.com/pod-product-compliance
Lightning Source LLC
Chambersburg PA
CBHW060409200326
41518CB00009B/1306